今すぐ使える
かんたん
mini

AYURA 著

仕事のコツが1冊でわかる本

Excel

技術評論社

本書の使い方

- 画面の手順解説だけを読めば、操作できるようになる!
- もっと詳しく知りたい人は、補足説明を読んで納得!
- これだけは覚えておきたい機能を厳選して紹介!

特長1

機能ごとにまとまっているので、「やりたいこと」がすぐに見つかる！

基本操作

手順の部分だけを読んで、パソコンを操作すれば、難しいことはわからなくても、あっという間に操作できる！

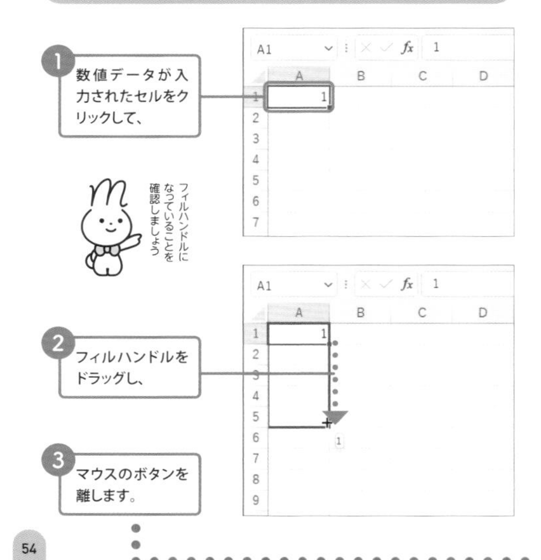

Section 12
連続するデータを入力しよう
連続するデータを入力するには、オートフィル機能を利用すると便利です。連続する数値や曜日、日付などが入力されたセルを選択して、フィルハンドルをドラッグすると、連続データがすばやく入力されます。
1 連続する数値をすばやく入力しよう
1 数値データが入力されたセルをクリックして、
フィルハンドルになっていることを確認しましょう
2 フィルハンドルをドラッグし、
3 マウスのボタンを離します。
54

特長2

やわらかい上質な紙を
使っているので、
片手でも開きやすい！

特長3

大きな操作画面で
該当箇所を
囲んでいるので
よくわかる！

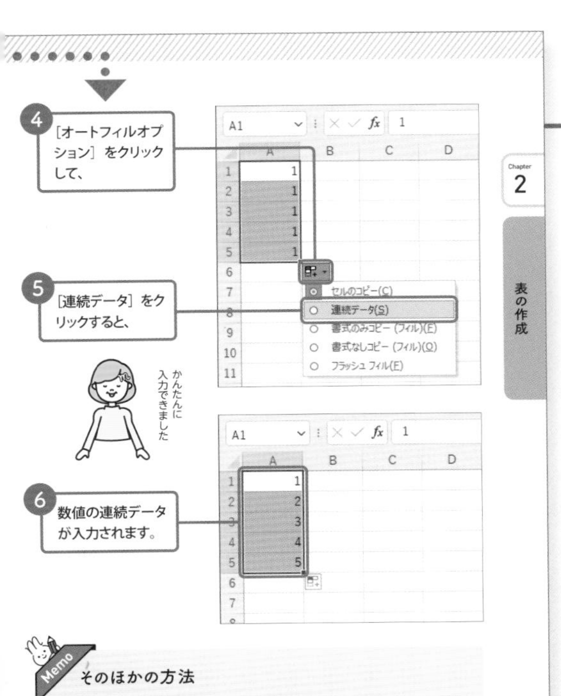

Memo そのほかの方法

連続する数値が入力されたセル範囲を選択してフィルハンドルをドラッグしても、数値の連続データを入力できます。また、数値の入力されたセルをクリックして、Ctrl を押しながらフィルハンドルをドラッグしても、数値の連続データを入力できます。

55

補足説明

操作の補足的な内容
を適宜配置！

パソコンの基本操作

☑ 本書の解説は、基本的にマウスを使って操作することを前提としています。
☑ お使いのパソコンのタッチパッド、タッチ対応モニターを使って操作する場合は、各操作を次のように読み替えてください。

1 マウス操作

●クリック（左クリック）

クリック（左クリック）の操作は、画面上にある要素やメニューの項目を選択したり、ボタンを押したりする際に使います。

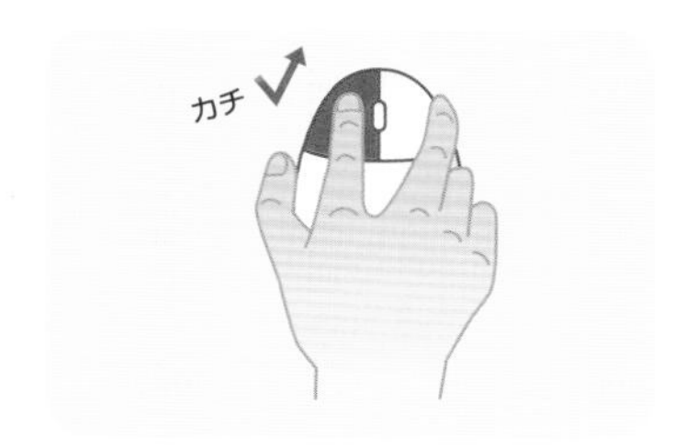

マウスの左ボタンを１回押します。

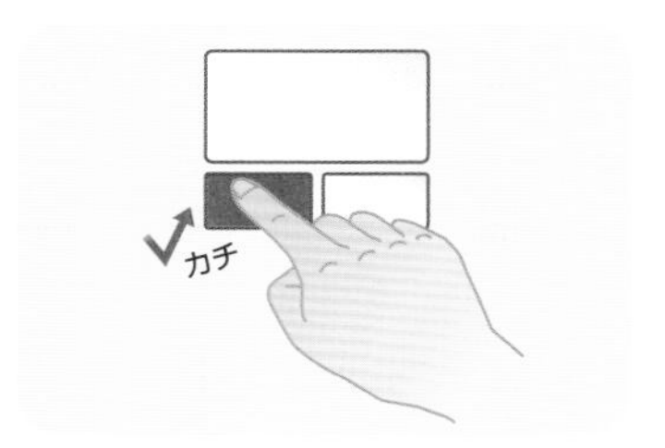

タッチパッドの左ボタン（機種によっては左下の領域）を１回押します。

●右クリック

右クリックの操作は、操作対象に関する特別なメニューを表示する場合などに使います。

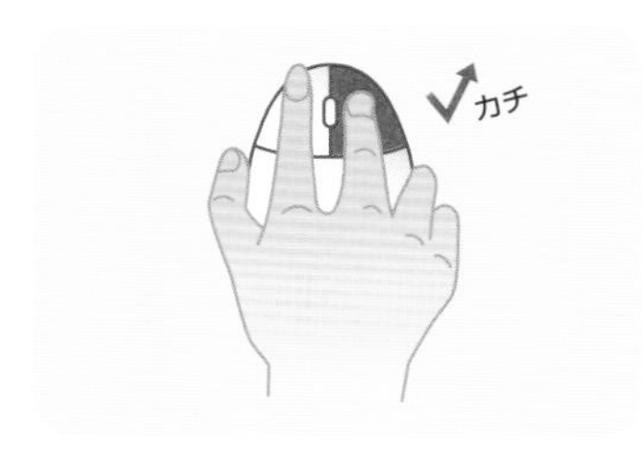

マウスの右ボタンを１回押します。

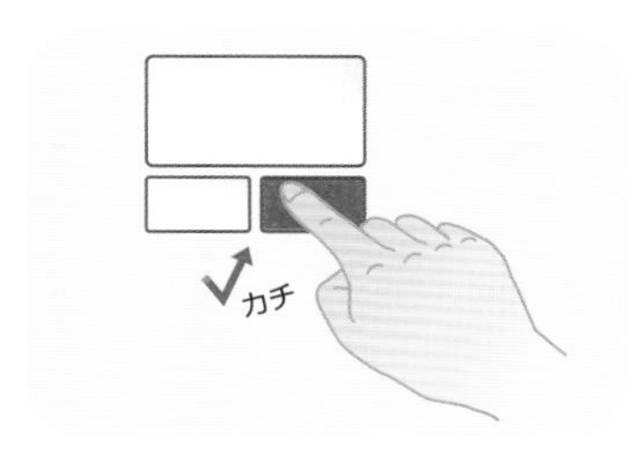

タッチパッドの右ボタン（機種によっては右下の領域）を１回押します。

●ダブルクリック

ダブルクリックの操作は、各種アプリを起動したり、ファイルやフォルダーなどを開く際に使います。

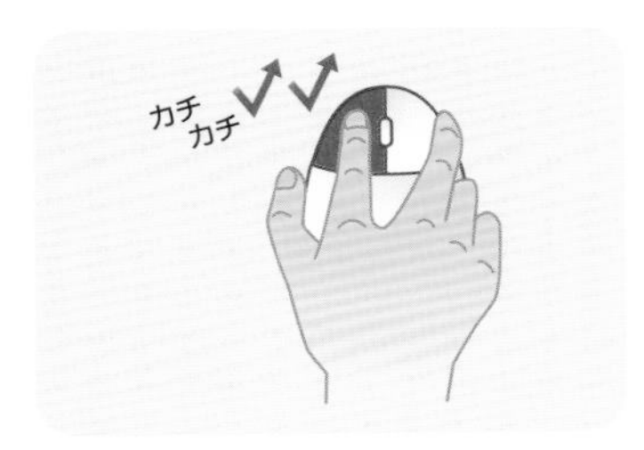

マウスの左ボタンをすばやく 2 回押します。

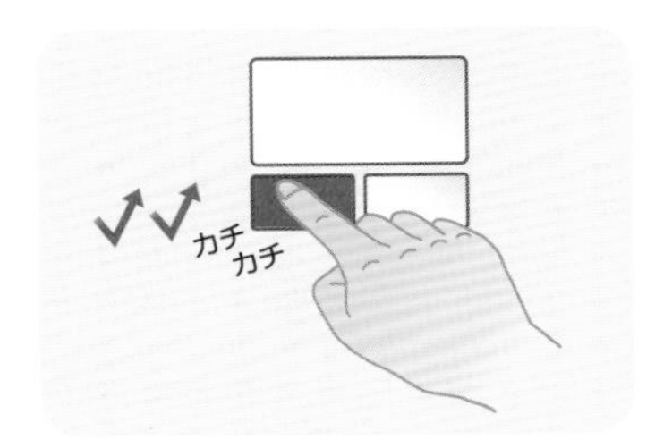

タッチパッドの左ボタン（機種によっては左下の領域）をすばやく 2 回押します。

●ドラッグ

ドラッグの操作は、画面上の操作対象を別の場所に移動したり、操作対象のサイズを変更する際などに使います。

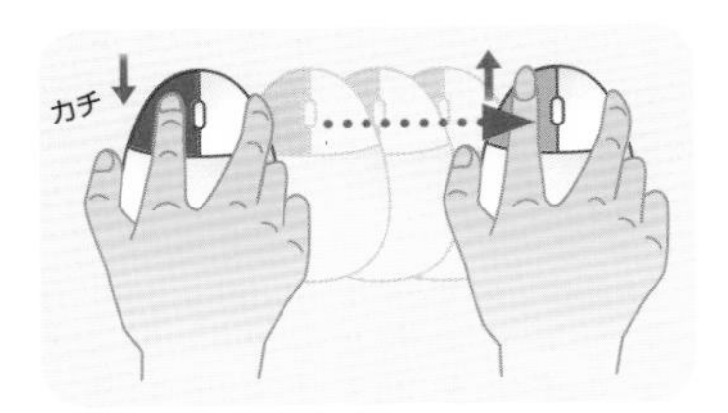

マウスの左ボタンを押したまま、マウスを動かします。目的の操作が完了したら、左ボタンから指を離します。

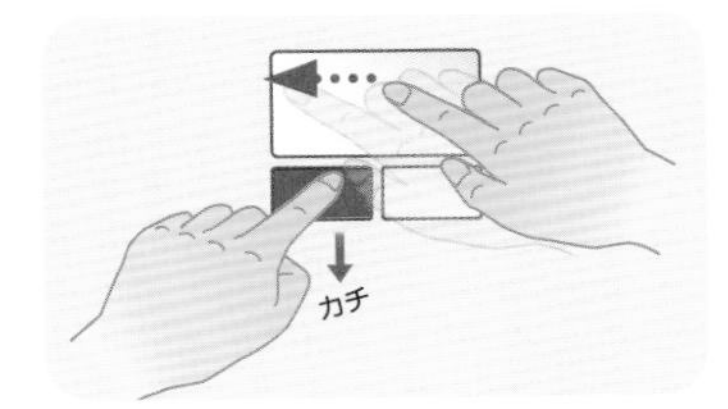

タッチパッドの左ボタン（機種によっては左下の領域）を押したまま、タッチパッドを指でなぞります。目的の操作が完了したら、左ボタンから指を離します。

Memo

ホイールの使い方

ほとんどのマウスには、左ボタンと右ボタンの間にホイールが付いています。ホイールを上下に回転させると、Web ページなどの画面を上下にスクロールすることができます。そのほかにも、Ctrl を押しながらホイールを回転させると、画面を拡大／縮小したり、フォルダーのアイコンの大きさを変えたりできます。

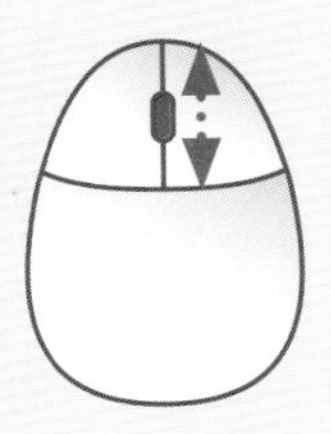

2 利用する主なキー

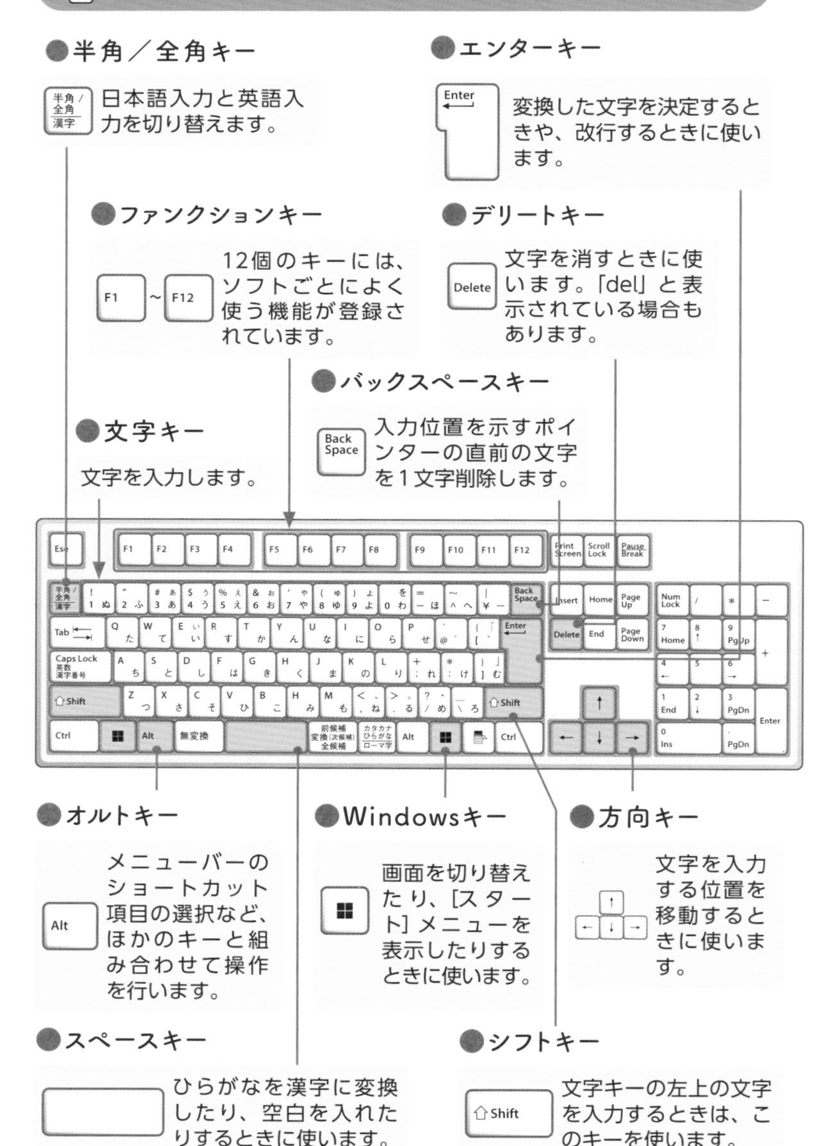

●半角／全角キー
半角／全角 漢字
日本語入力と英語入力を切り替えます。
●エンターキー
Enter
変換した文字を決定するときや、改行するときに使います。
●ファンクションキー
F1 ～ F12
12個のキーには、ソフトごとによく使う機能が登録されています。
●デリートキー
Delete
文字を消すときに使います。「del」と表示されている場合もあります。
●バックスペースキー
Back Space
入力位置を示すポインターの直前の文字を1文字削除します。
●文字キー
文字を入力します。
●オルトキー
Alt
メニューバーのショートカット項目の選択など、ほかのキーと組み合わせて操作を行います。
●Windowsキー
画面を切り替えたり、[スタート] メニューを表示したりするときに使います。
●方向キー
文字を入力する位置を移動するときに使います。
●スペースキー
ひらがなを漢字に変換したり、空白を入れたりするときに使います。
●シフトキー
⇧Shift
文字キーの左上の文字を入力するときは、このキーを使います。

3 タッチ操作

タップ

画面に触れてすぐ離す操作です。ファイルなど何かを選択するときや、決定を行う場合に使用します。マウスでのクリックに当たります。

ダブルタップ

タップを2回繰り返す操作です。各種アプリを起動したり、ファイルやフォルダーなどを開く際に使用します。マウスでのダブルクリックに当たります。

ホールド

画面に触れたまま長押しする操作です。詳細情報を表示するほか、状況に応じたメニューが開きます。マウスでの右クリックに当たります。

ドラッグ

操作対象をホールドしたまま、画面の上を指でなぞり上下左右に移動します。目的の操作が完了したら、画面から指を離します。

スワイプ／スライド

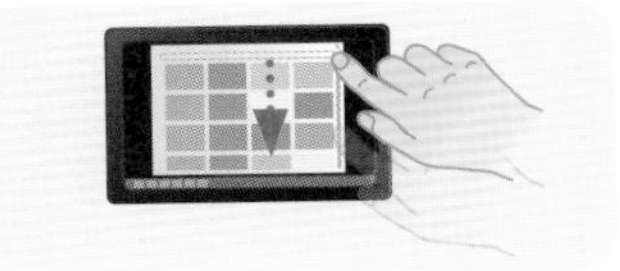

画面の上を指でなぞる操作です。ページのスクロールなどで使用します。

フリック

画面を指で軽く払う操作です。スワイプと混同しやすいので注意しましょう。

ピンチ／ストレッチ

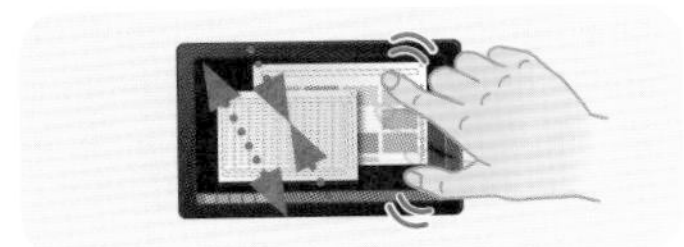

2本の指で対象に触れたまま指を広げたり狭めたりする操作です。拡大（ストレッチ）／縮小（ピンチ）が行えます。

回転

2本の指先を対象の上に置き、そのまま両方の指で同時に右または左方向に回転させる操作です。

サンプルファイルのダウンロード

本書で使用しているサンプルファイルは、以下のURLのサポートページからダウンロードすることができます。ダウンロードしたときは圧縮ファイルの状態なので、展開してから使用してください。

https://gihyo.jp/book/2022/978-4-297-13014-5/support

サンプルファイルをダウンロードする

1 ブラウザー（ここでは Microsoft Edge）を起動します。

https://gihyo.jp/book/2022/978-4-297-13014-5/support

2 ここをクリックして URL を入力し、Enter を押します。

3 表示された画面をスクロールし、［ダウンロード］にある［miniExcel_shigotonokotsu_sample.zip］をクリックします。

（2022年8月16日最終更新）
すべてのトピックスはこちら
ダウンロード
miniExcel_shigotonokotsu_sample.zip
技術評論社の

4 ［ファイルを開く］をクリックします。

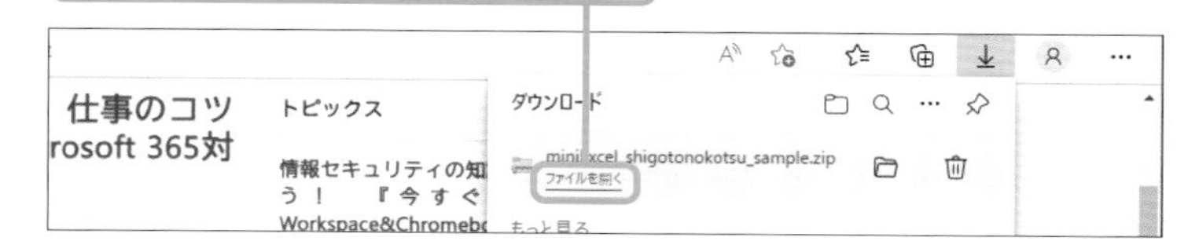

ダウンロードした圧縮ファイルを展開する

1 エクスプローラーの画面が開くので、

2 表示されたフォルダーをクリックし、デスクトップにドラッグします。

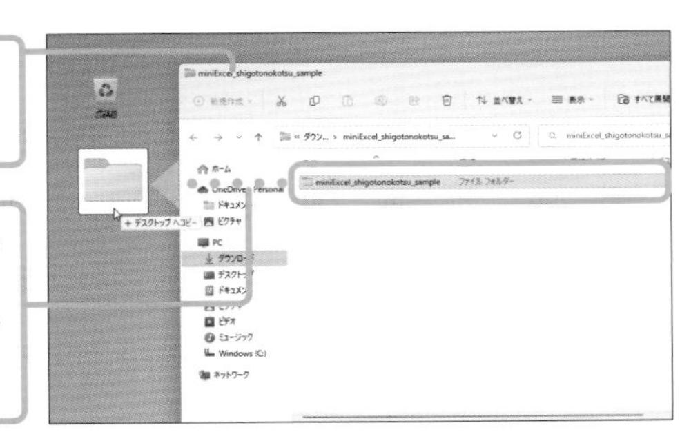

3 展開されたフォルダーがデスクトップに表示されます。

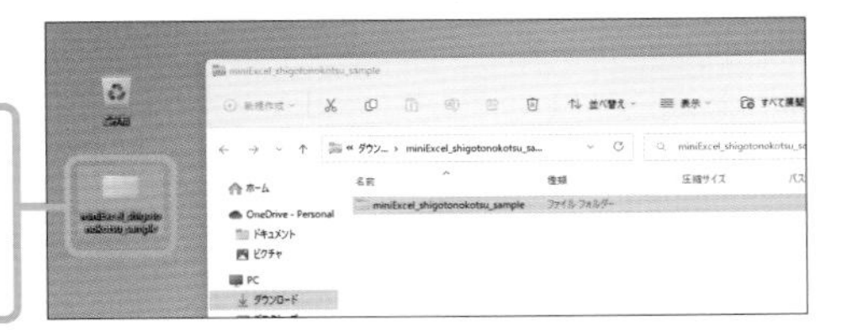

4 展開されたフォルダーをダブルクリックすると、

5 各章のフォルダーが表示されます。

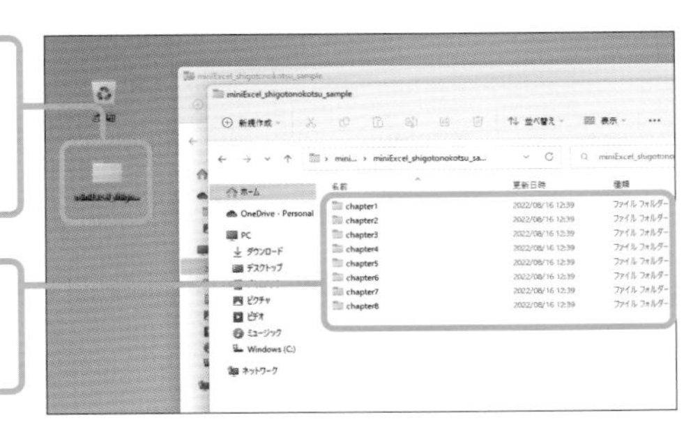

Memo

保護ビューが表示された場合

サンプルファイルを開くと、図のようなメッセージが表示されます。[編集を有効にする]をクリックすると、本書と同様の画面表示になり、操作を行うことができます。

ここをクリックします。

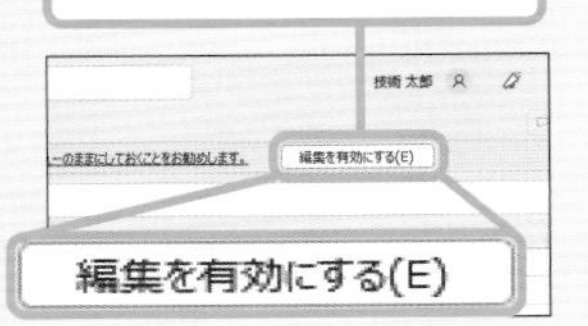

Contents

Chapter 1 Excel 2021の基本操作をマスターしよう

Chapter 2 表を作成しよう

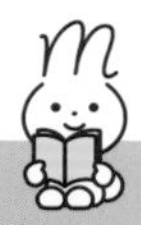

Chapter 3 文字とセルの書式を編集しよう

Chapter 4 数式や関数を使おう

Chapter 5 セル／シート／ブックを操作しよう

Chapter 8 印刷の操作をマスターしよう

ご注意：ご購入・ご利用の前に必ずお読みください

- 本書に記載された内容は、情報の提供のみを目的としています。したがって、本書を用いた運用は、必ずお客様自身の責任と判断によって行ってください。これらの情報の運用の結果について、技術評論社および著者はいかなる責任も負いません。
- 本書の説明では、OSは「Windows 11」、 Excelは「Excel 2021」を使用しています。それ以外のOSやExcelのバージョンでは画面内容が異なる場合があります。あらかじめご了承ください。
- ソフトウェアに関する記述は、特に断りのない限り、2022年7月末日現在での最新バージョンをもとにしています。ソフトウェアはバージョンアップされる場合があり、本書での説明とは機能内容や画面図などが異なってしまうこともあり得ます。あらかじめご了承ください。

以上の注意事項をご承諾いただいた上で、本書をご利用願います。これらの注意事項をお読みいただかずに、お問い合わせいただいても、技術評論社および著者は対処しかねます。あらかじめご承知おきください。

Chapter

1

Excel 2021の基本操作をマスターしよう

Section

Section 1

Excel 2021を起動しよう／終了しよう

Excel 2021 を起動するには、Windows 11 の［スタート］から［Excel］をクリックします。Excel が起動するとスタート画面が開くので、そこから目的の操作を選択します。［閉じる］をクリックすると、Excel が終了します。

1 Excelを起動してブックを開こう

1 Windows 11 を起動して、［スタート］をクリックすると、

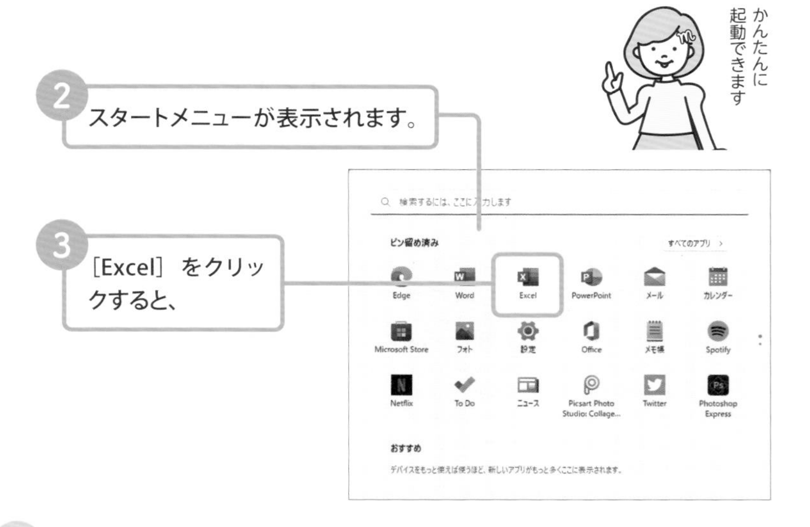

4 Excel 2021が起動して、スタート画面が開きます。

5 ［空白のブック］をクリックすると、

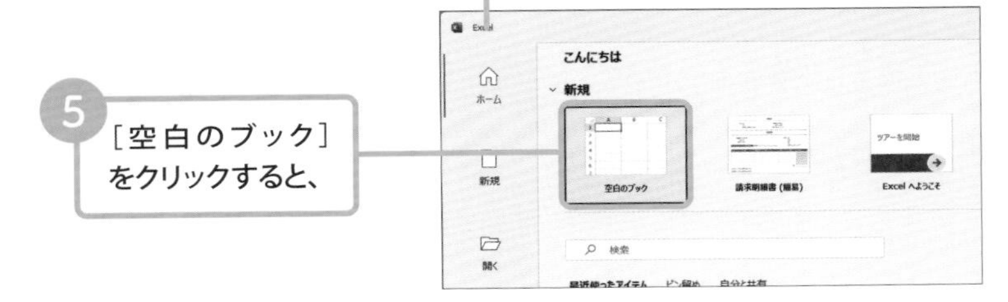

6 新しいブックが作成されます。

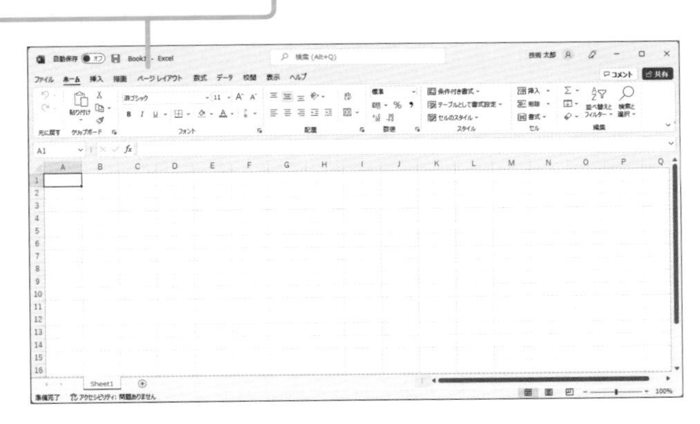

［Excel］が表示されていない場合

Memo

スタートメニューに［Excel］が表示されていない場合は、スタートメニューで［すべてのアプリ］をクリックして、［Excel］をクリックします。

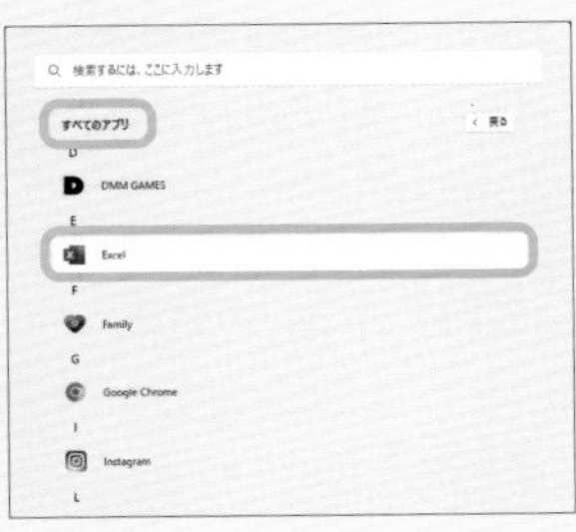

2 Excelを終了しよう

1 ［閉じる］をクリックすると、

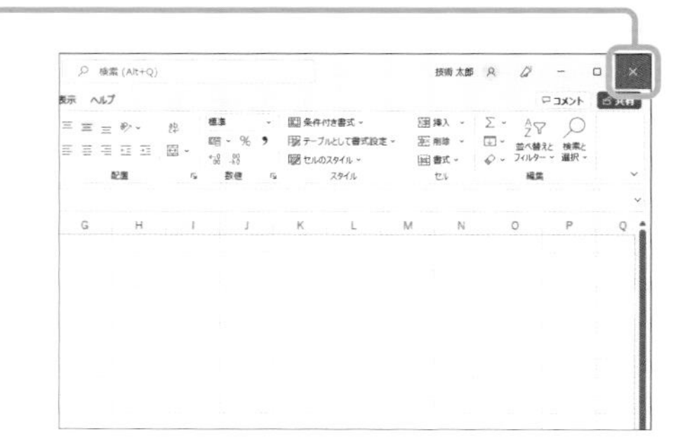

2 Excel 2021が終了して、デスクトップ画面が表示されます。

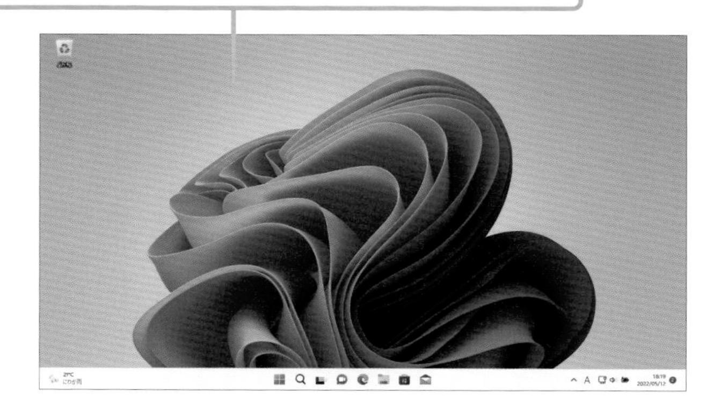

Memo
複数のブックを開いている場合

複数のブックを開いている場合は、ここでの操作を行うと、クリックしたウィンドウのブックだけが閉じます。

Memo

ブックを保存していない場合

ブックの作成や編集をしていた場合、保存しないで Excel を終了しようとすると、下図が表示されます。保存する場合は、ファイル名を入力して保存場所を指定し、[保存] をクリックします。なお、左下の [その他のオプション] をクリックすると、[名前を付けて保存] ダイアログボックスが表示されます（36 ページ参照）。

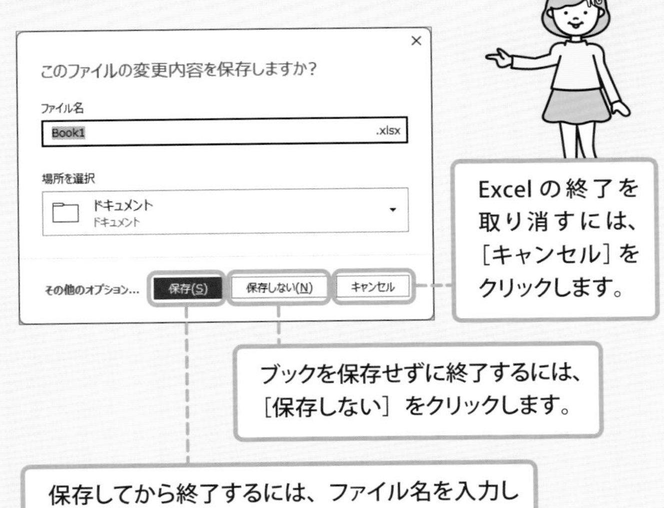

一度保存したブックを開いて編集したあと、ブックを保存しないで Excel を終了しようとした場合は、下図が表示されます。

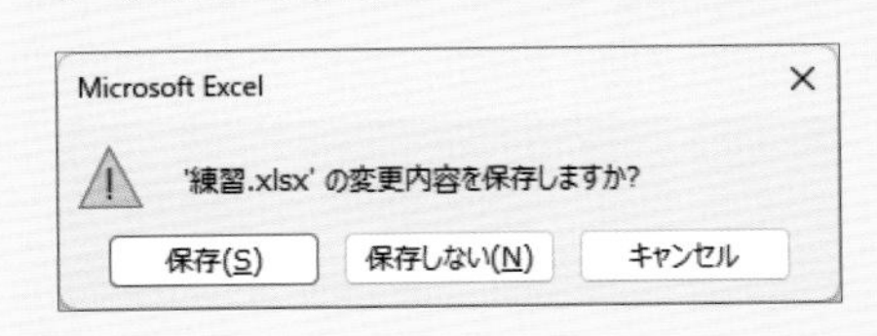

Section 2

新しいブックを作成しよう

Excel の起動時に表示されるスタート画面で［空白のブック］をクリックすると、新しいブックが作成できます。すでにブックを開いている状態から新しいブックを作成するには、［ファイル］タブの［新規］から作成します。

1 ブックを新規に作成しよう

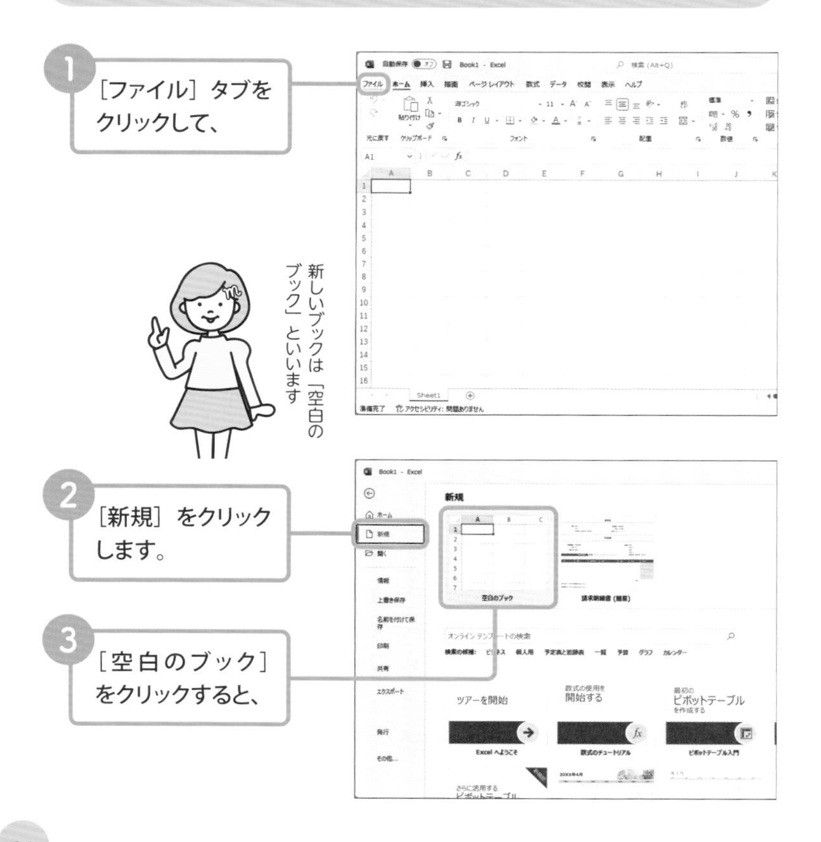

1 ［ファイル］タブをクリックして、
新しいブックは「空白のブック」といいます
2 ［新規］をクリックします。
3 ［空白のブック］をクリックすると、
新規
空白のブック
ツアーを開始
数式の使用を開始する
最初のピボットテーブルを作成する

4 新しいブックが作成されます。

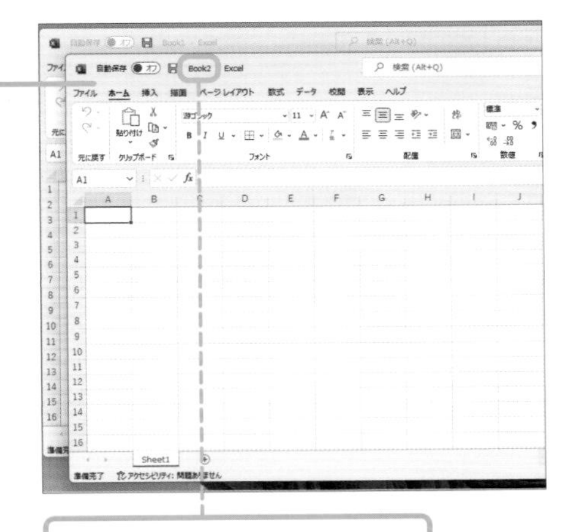

新しく作成したブックには、「Book2」「Book3」のような仮の名前が付けられます。

名前の付け方は36ページで解説します

Stepup

テンプレートを利用してブックを作成する

26ページの手順❷で表示される［新規］画面には、Excelで利用できるテンプレートが用意されています。「テンプレート」とは、ブックを作成する際にひな形となるファイルのことです。利用したいテンプレートが見つからない場合は、［オンラインテンプレートの検索］ボックスにキーワードを入力したり、［検索の候補］から探すことができます。

Section 3

タスクバーにアイコンを登録してかんたんに起動しよう

タスクバーに Excel のアイコンを登録しておくと、Excel をすばやく起動できます。タスクバーに登録した Excel のアイコンが不要になった場合は、いつでもピン留めを外すことができます。

1 タスクバーにピン留めしよう

1 ［スタート］をクリックします。

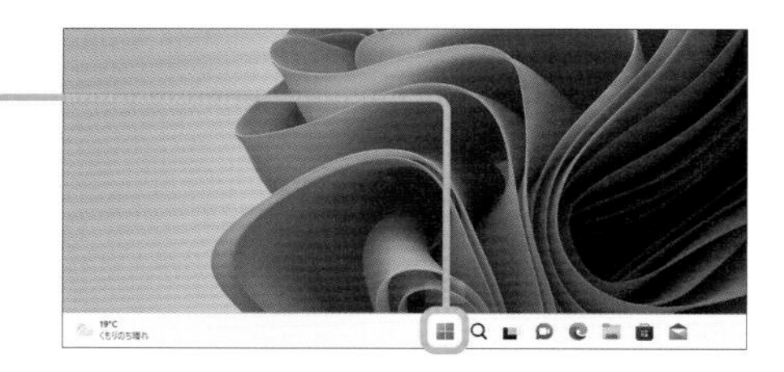

2 ［Excel］を右クリックして、

3 ［タスクバーにピン留めする］をクリックすると、

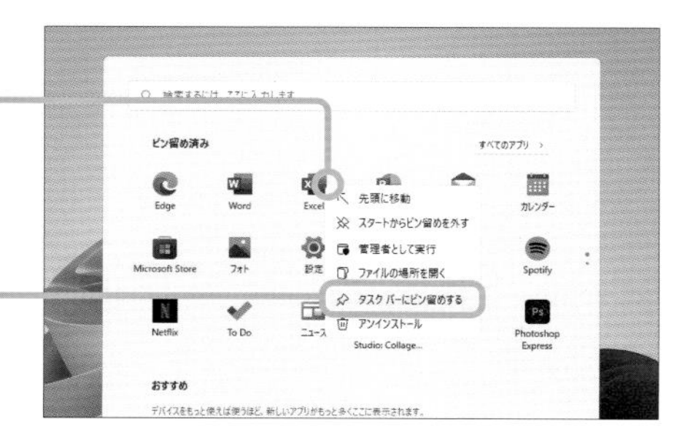

4 タスクバーにExcelのアイコンが登録されます。

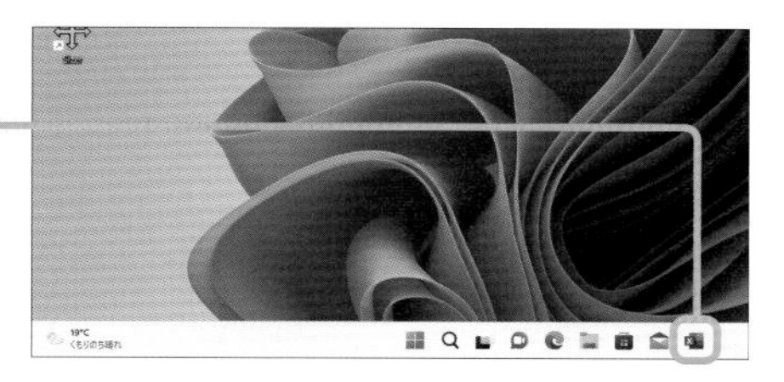

2 タスクバーからピン留めを外そう

1 Excel のアイコンを右クリックして、

2 [タスクバーからピン留めを外す] をクリックすると、

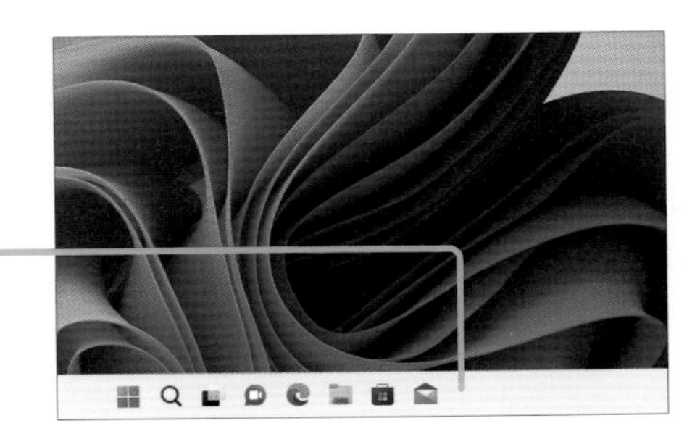

3 ピン留めが解除されます。

Hint 起動した Excel のアイコンから登録する

起動した Excel のアイコンから登録することもできます。Excel を起動して、タスクバーに表示される Excel のアイコンを右クリックし、[タスクバーにピン留めする] をクリックします。

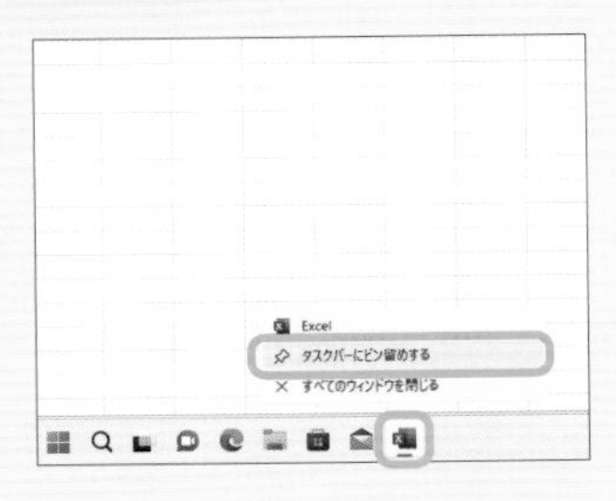

Section 4

Excelの画面構成とブックの仕組みを知ろう

Excel 2021 の画面は、機能を実行するためのタブと、各タブにあるコマンド、表やグラフなどを作成するためのシート（ワークシート）から構成されています。ここでしっかり確認しておきましょう。

1 Excel 2021の画面構成を知ろう

Excel の基本的な作業は、下図の画面で行います。初期設定では、10 個（タッチ非対応パソコンでは 9 個）のタブが用意されています。パソコンの画面の解像度や Excel 画面のサイズによって、リボンに表示されるコマンドの内容が異なります。

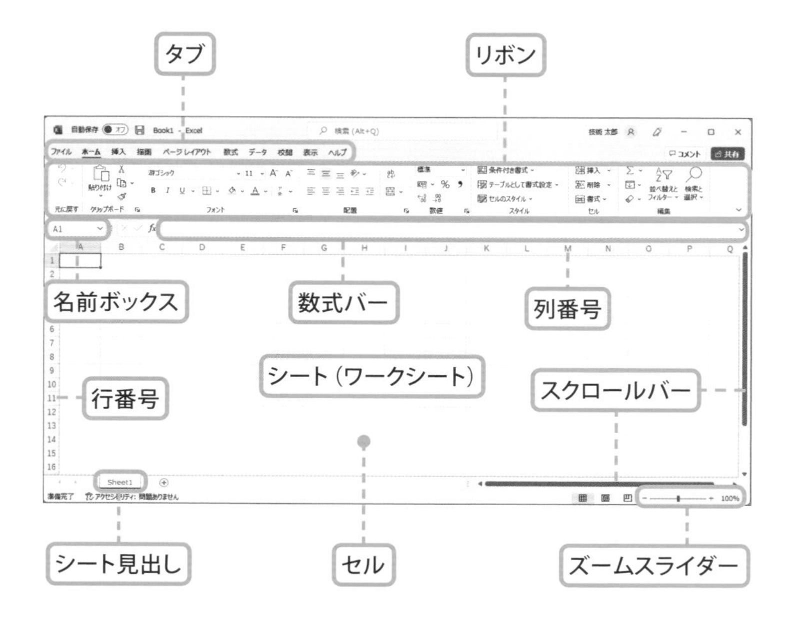

2 ブックの仕組みを知ろう

「ブック」は、1つあるいは複数のシートから構成された Excel の文書のことです。1つのブックが1つのファイルになります。「シート」は、Excel でさまざまな作業を行うためのスペースのことです。「ワークシート」とも呼ばれます。

保存してあるブック

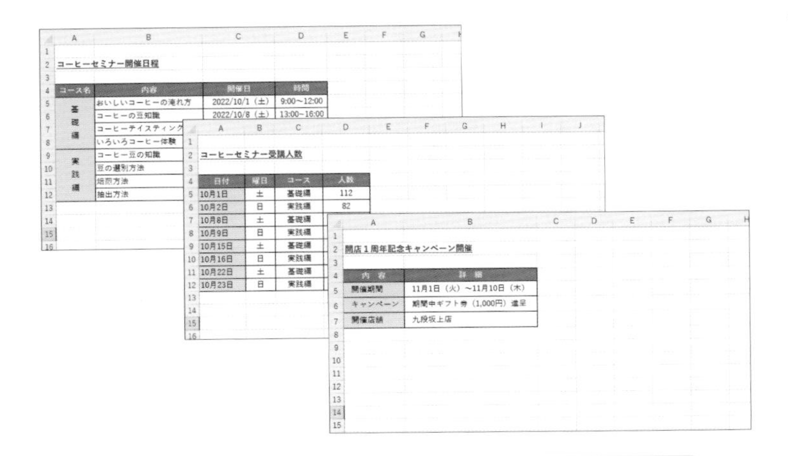

ブックは、1つあるいは複数のシートから構成されています。

Section

5 リボンの使い方をマスターしよう

Excelでは、ほとんどの機能をリボンで実行します。リボンは、作業に応じてタブを切り替えて使用します。作業スペースが狭く感じるときは、リボンを折りたたんで、必要なときだけ表示させることもできます。

1 リボンを操作しよう

1 リボンのタブ（ここでは［ページレイアウト］）をクリックして、

	A	B	C	D
1				
2	コーヒーセミナー開催日程			
3				
4	コース名	内容	開催日	時間
5	基礎編	おいしいコーヒーの淹れ方	2022/10/1（土）	9:00～12:00
6		コーヒーの豆知識	2022/10/8（土）	13:00～16:00
7		コーヒーテイスティング	2022/10/15（土）	9:00～12:00
8		いろいろコーヒー体験	2022/10/22（土）	13:00～16:00
9	実践編	コーヒー豆の知識	2022/10/2（日）	9:00～12:00
10		豆の選別方法	2022/10/9（日）	13:00～16:00
11		焙煎方法	2022/10/16（日）	9:00～12:00
12		抽出方法	2022/10/23（日）	13:00～16:00

タブをクリックすれば切り替えられます

2 リボンを切り替えます。

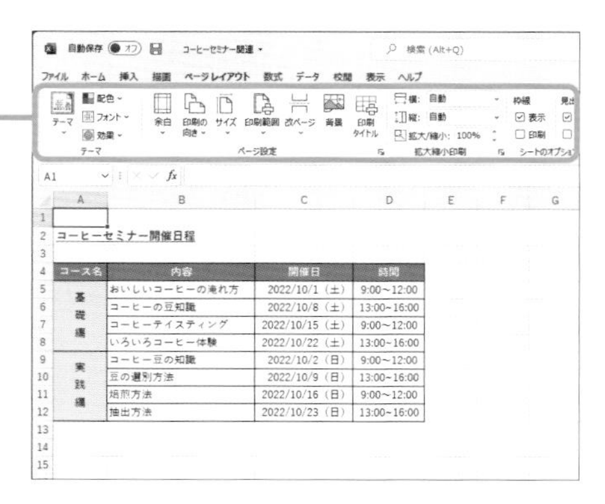

3 目的のコマンド（ここでは［余白］）をクリックします。

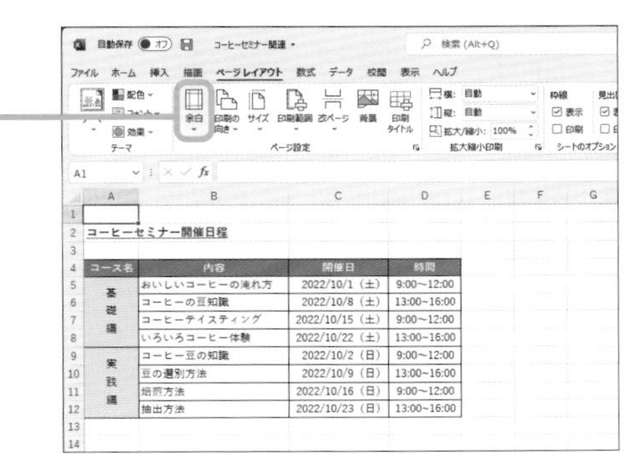

4 コマンドをクリックしてドロップダウンメニューが表示されたときは、

5 メニューから目的の機能をクリックします。

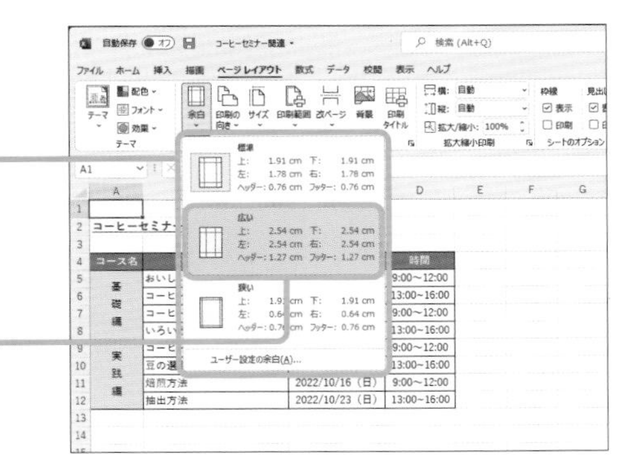

Hint

必要に応じたタブが表示される

Excel 2021の初期設定では、10個（あるいは9個）のタブが配置されています。そのほかのタブは、作業に応じて必要なタブが表示されます。たとえば、図形を描画してクリックすると、［図形の書式］タブが表示されます。

2 リボンの表示／非表示を切り替えよう

1 ［リボンの表示オプション］をクリックして、

2 ［タブのみを表示する］をクリックすると、

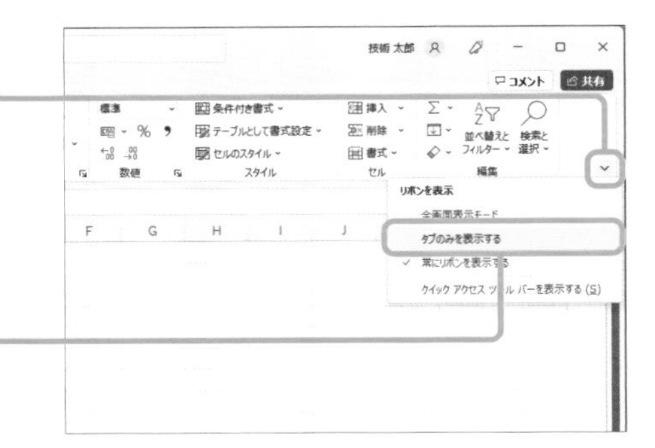

3 リボンが折りたたまれ、タブの名前の部分のみが表示されます。

自動保存 オフ　コーヒーセミナー関連　検索 (Alt+Q)

ファイル　ホーム　挿入　描画　ページレイアウト　数式　データ　校閲　表示　ヘルプ

コーヒーセミナー開催日程

コース名	内容	開催日	時間
基礎編	おいしいコーヒーの淹れ方	2022/10/1（土）	9:00～12:00
	コーヒーの豆知識	2022/10/8（土）	13:00～16:00
	コーヒーテイスティング	2022/10/15（土）	9:00～12:00
	いろいろコーヒー体験	2022/10/22（土）	13:00～16:00
実践編	コーヒー豆の知識	2022/10/2（日）	9:00～12:00
	豆の選別方法	2022/10/9（日）	13:00～16:00
	焙煎方法	2022/10/16（日）	9:00～12:00
	抽出方法	2022/10/23（日）	13:00～16:00

画面がすっきりしました！

4 目的のタブをクリックすると、

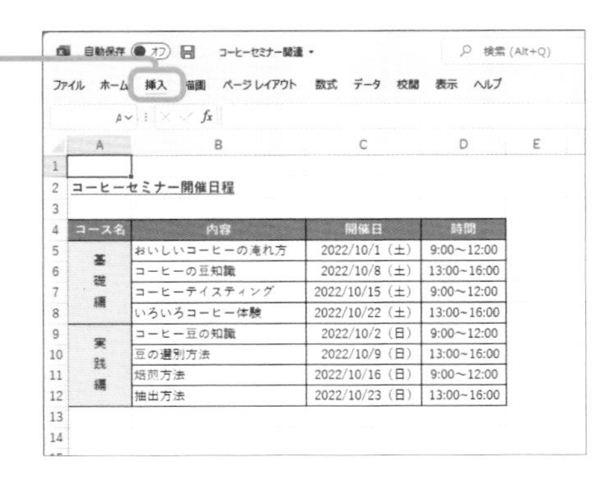

5 リボンが一時的に表示され、クリックしたタブの内容が表示されます。

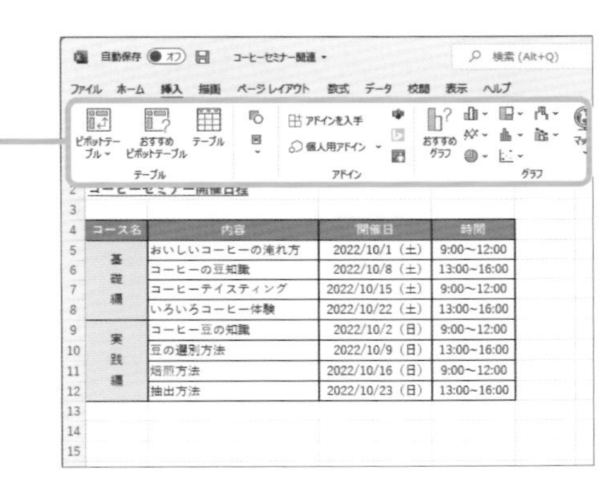

6 ［リボンの表示オプション］をクリックして、

7 ［常にリボンを表示する］をクリックすると、

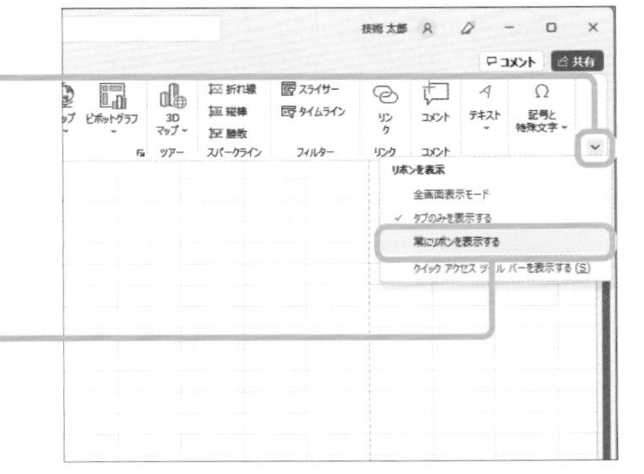

8 リボンが常に表示された状態になります。

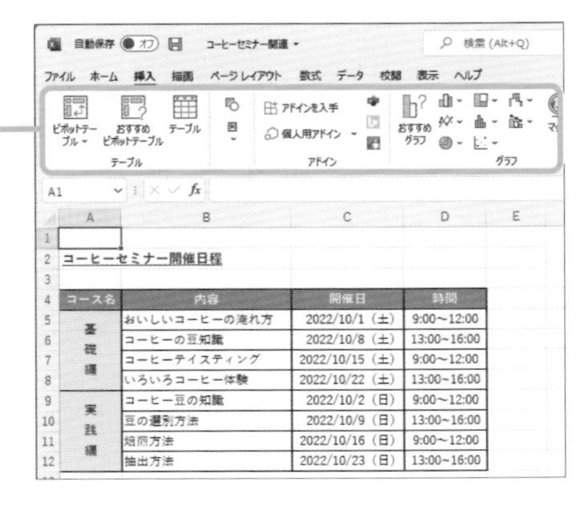

Section

6 ブックを保存しよう

ブックの保存には、新規に作成したブックに名前を付けて保存する「名前を付けて保存」と、名前を変更せずに内容を更新する「上書き保存」とがあります。ブックに名前を付けて保存する際は、保存場所を先に指定します。

1 ブックに名前を付けて保存しよう

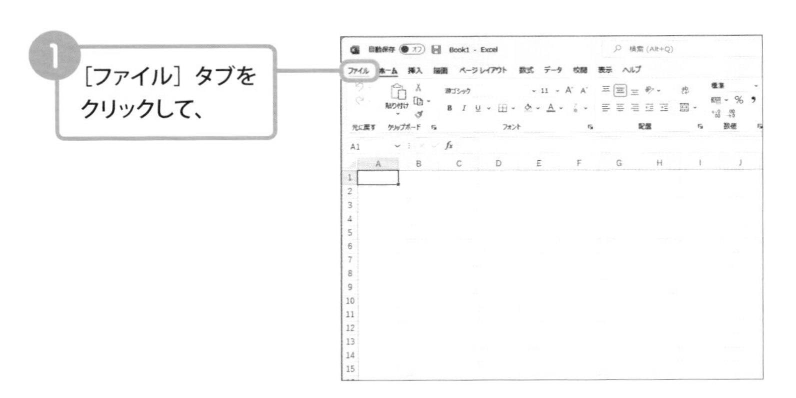

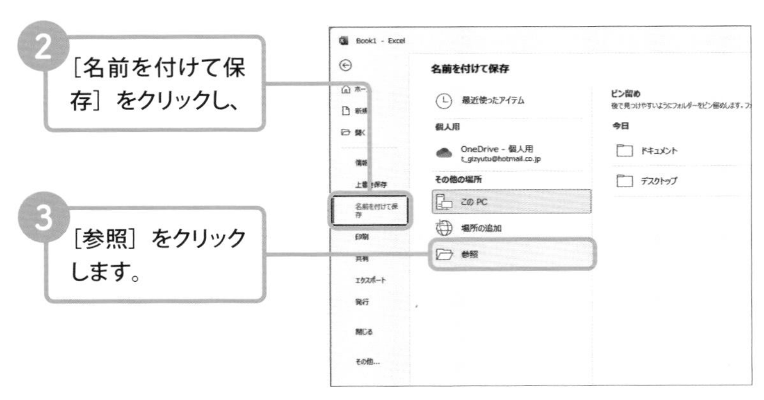

2
［名前を付けて保存］をクリックし、
3
［参照］をクリックします。

4 ブックを保存するフォルダーを指定して、

5 ファイル名を入力し、

6 [保存] をクリックします。

わかりやすい名前を付けましょう

7 ブックが保存され、タイトルバーにファイル名が表示されます。

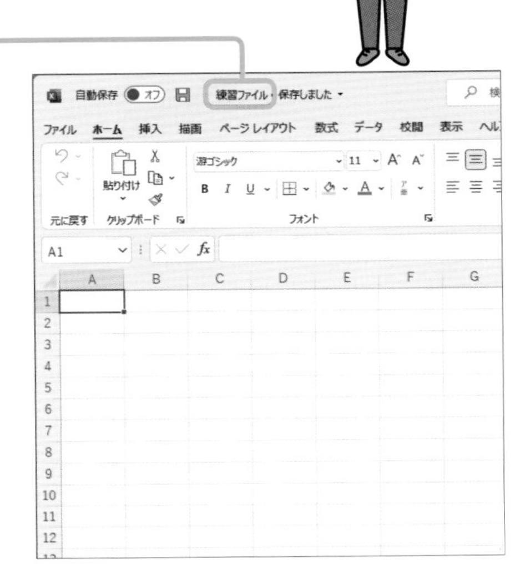

2 ブックを上書き保存しよう

ここをクリックしても
上書き保存できます。

1 既存のブックを開いて編集したあと［ファイル］タブをクリックして、

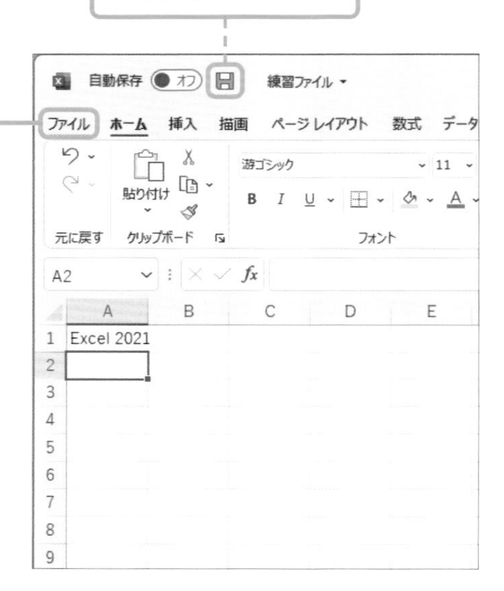

2 ［上書き保存］をクリックすると、

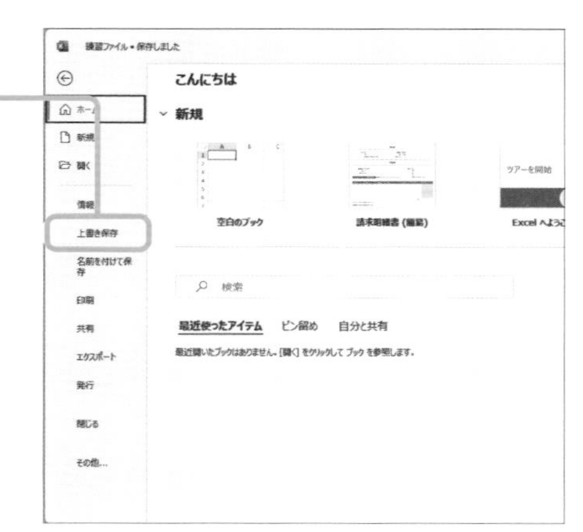

3 同じファイル名で上書き保存されます。

ブックを PDF 形式で保存する

Stepup

Excel で作成した文書は、PDF 形式で保存することができます。PDF 形式で保存すると、レイアウトや書式、画像などがそのまま維持されるので、パソコンの環境に依存せずに、同じ見た目で文書を表示することができます。

［名前を付けて保存］ダイアログボックスを表示して（36 ページ参照）、以下の手順で操作します。

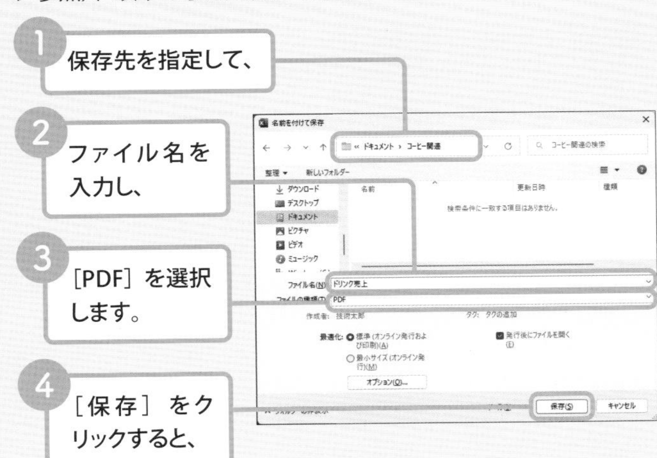

5 変換された PDF ファイルが表示されます。

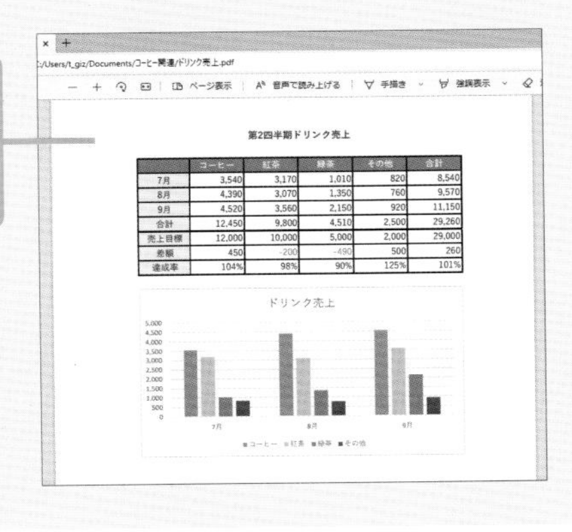

	コーヒー	紅茶	緑茶	その他	合計
7月	3,540	3,170	1,010	820	8,540
8月	4,390	3,070	1,350	760	9,570
9月	4,520	3,560	2,150	920	11,150
合計	12,450	9,800	4,510	2,500	29,260
売上目標	12,000	10,000	5,000	2,000	29,000
差額	450	-200	-490	500	260
達成率	104%	98%	90%	125%	101%

Section
7 保存したブックを閉じよう／開こう

作業が終了してブックを保存したら、ブック（ファイル）を閉じます。ブックを閉じても Excel は終了しないので、新規のブックを作成したり、保存したックを開いたりしてすぐに作業を始めることができます。

1 保存したブックを閉じよう

1 ［ファイル］タブをクリックして、

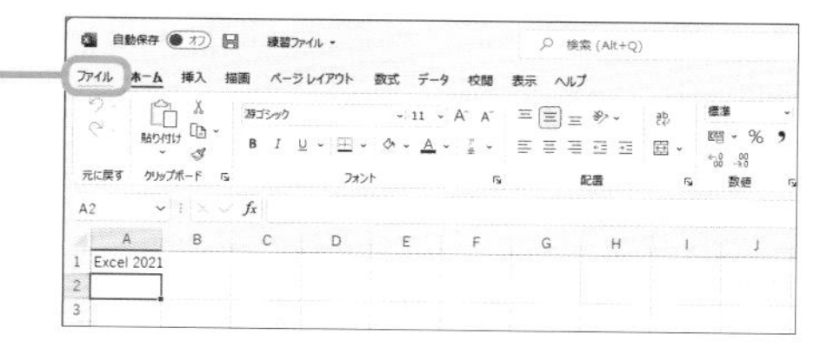

2 ［閉じる］をクリックすると、

3 作業中のブックが閉じます。

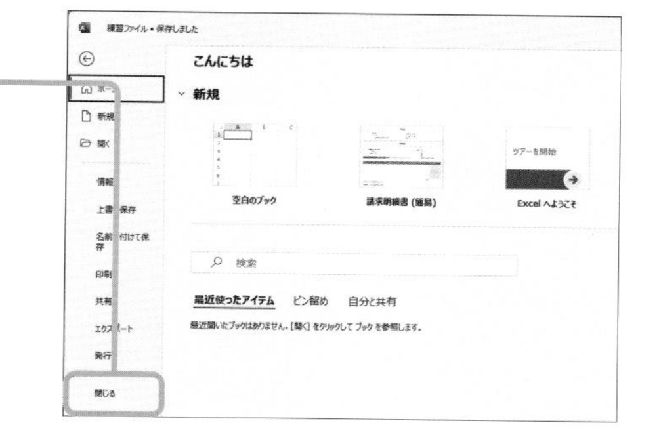

Memo

複数のブックが開いている場合

複数のブックを開いている場合は、ここでの操作を行うと、現在作業中のブックだけが閉じます。

2 保存したブックを開こう

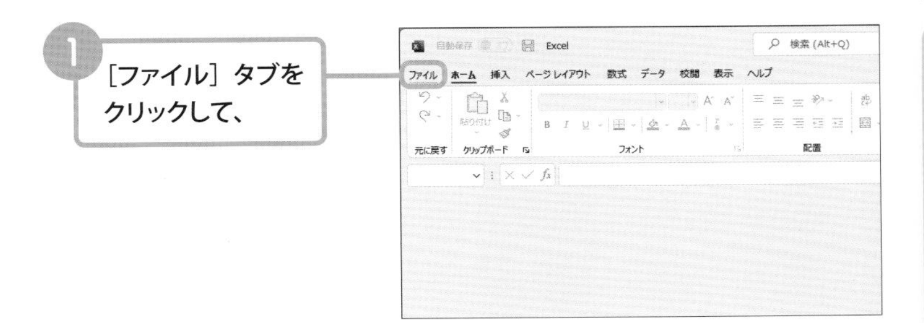

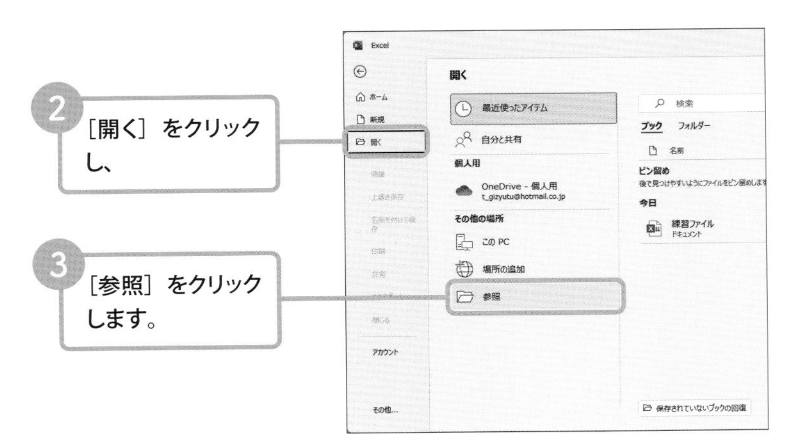

Hint 最近使ったブックを開く

［ファイル］タブをクリックして、［開く］をクリックすると、最近使ったアイテムが画面の右側に表示されます（手順❷の画面参照）。この中から目的のブックをクリックしても開くことができます。

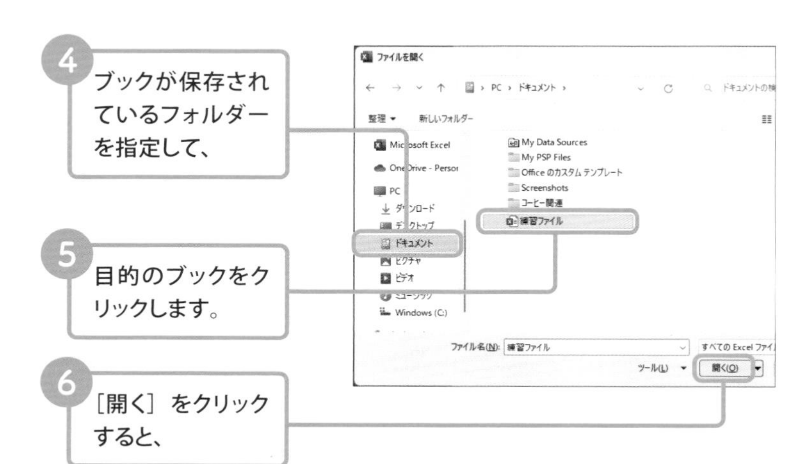

7 目的のブックが開きます。

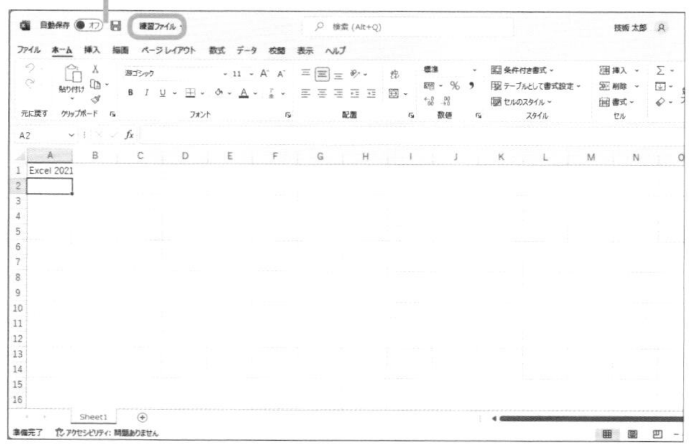

Chapter

2

表を作成しよう

Section

Section

8 文字データを入力しよう

Excel でデータを入力するには、セルをクリックして選択状態にしてから入力します。日本語を入力するときは、入力モードを［ひらがな］に切り替えてから入力します。

1 セルに文字を入力しよう

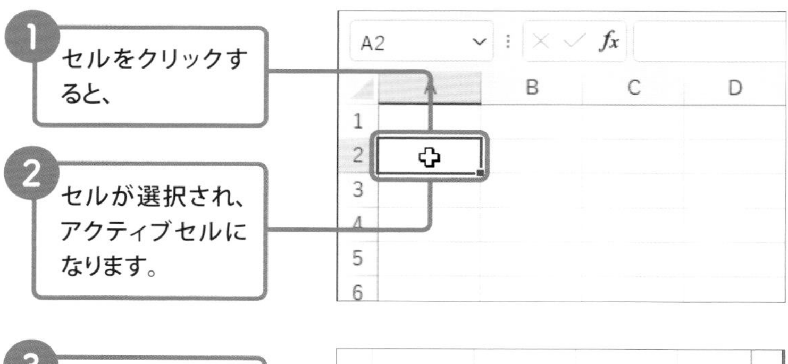

3 半角／全角 を押して、入力モードを［ひらがな］に切り替えます。

100%
あ
19:11
2022/05/16

Memo アクティブセル

セルをクリックすると、そのセルが選択され、緑の枠で囲まれます。これが現在操作の対象となっているセルで、「アクティブセル」といいます。

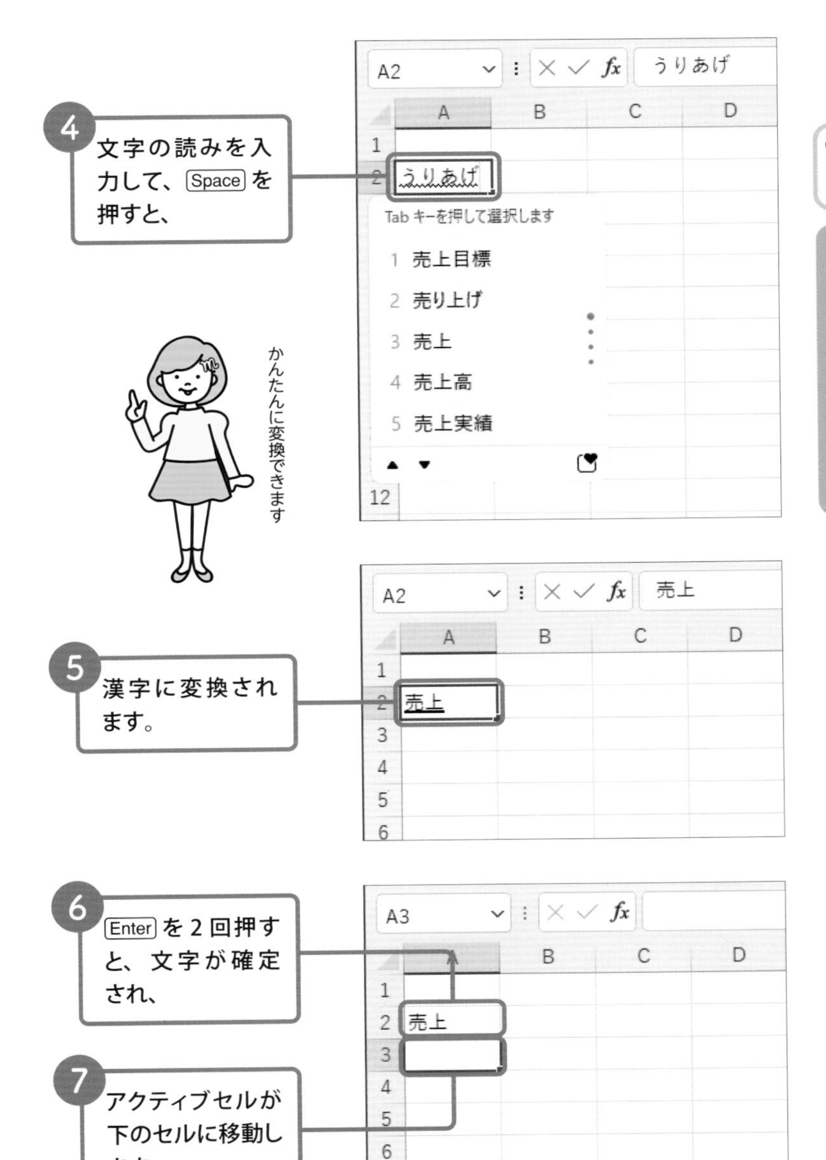
A2
うりあげ
A
B
C
D
1
2
うりあげ
Tab キーを押して選択します
1 売上目標
2 売り上げ
3 売上
4 売上高
5 売上実績
12
4 文字の読みを入力して、Space を押すと、
かんたんに変換できます
A2
売上
A
B
C
D
1
2
売上
3
4
5
6
5 漢字に変換されます。
A3
A
B
C
D
1
2
売上
3
4
5
6
7
6 Enter を2回押すと、文字が確定され、
7 アクティブセルが下のセルに移動します。

2 文字を続けて入力しよう

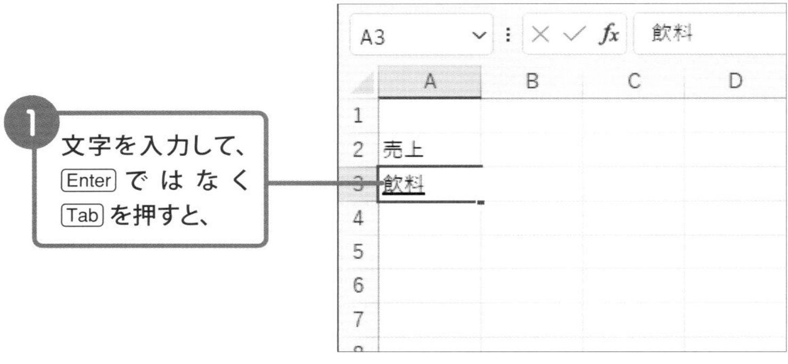

1 文字を入力して、Enter ではなく Tab を押すと、

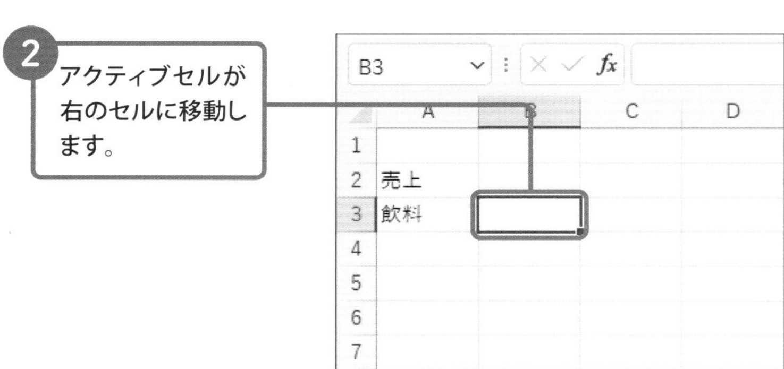

2 アクティブセルが右のセルに移動します。

Hint

ほかの漢字に変換する

Space を押しても目的の漢字に変換されないときは、もう一度 Space を押します。漢字の変換候補が表示されるので、目的の漢字を選択します。

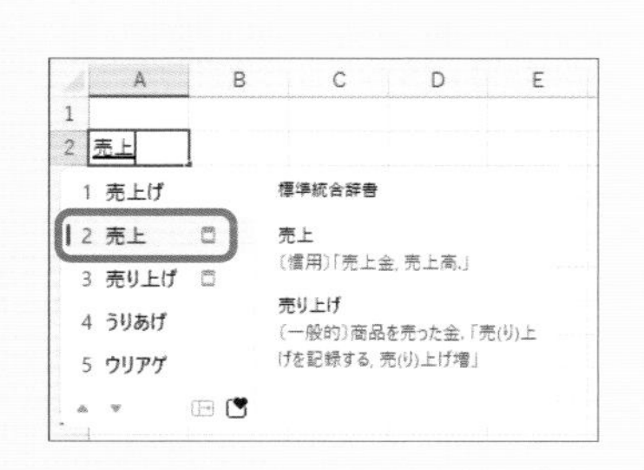

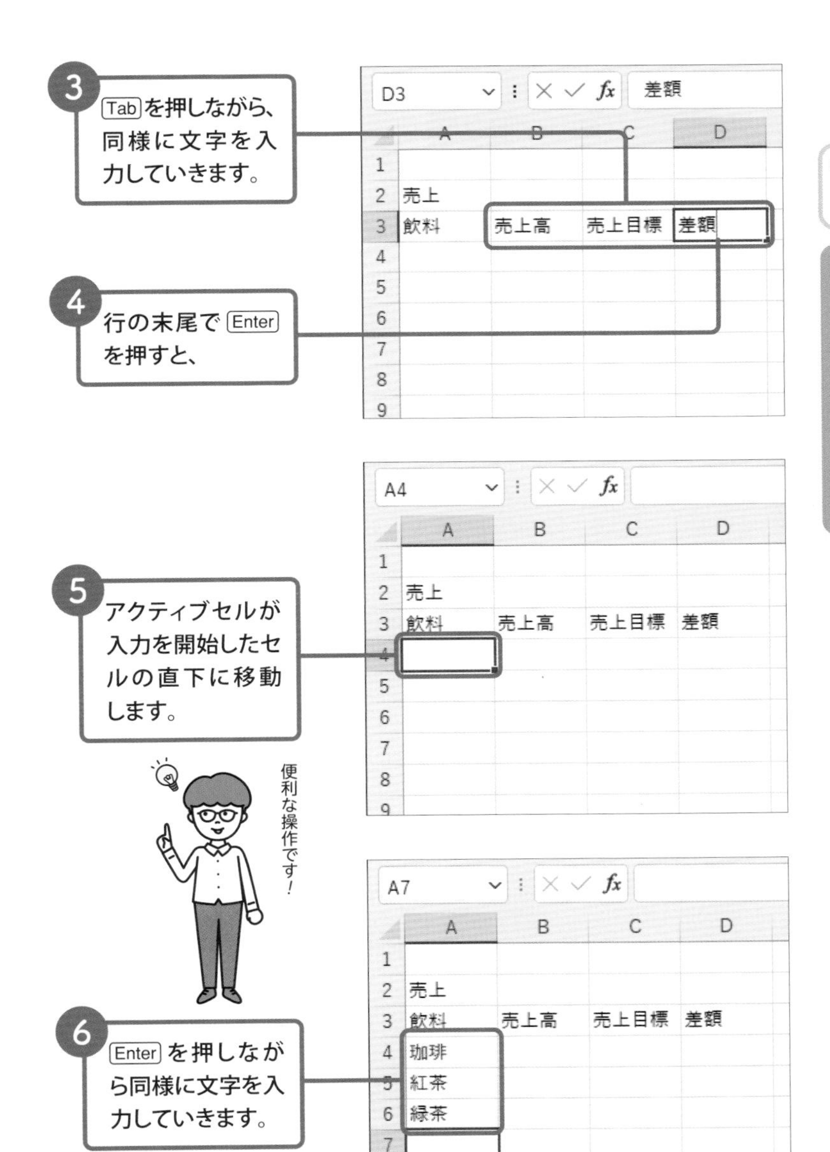
3
Tab を押しながら、同様に文字を入力していきます。
D3
差額
A
B
C
D
1
2 売上
3 飲料 売上高 売上目標 差額
4
5
6
7
8
9
4
行の末尾で Enter を押すと、
A4
A
B
C
D
1
2 売上
3 飲料 売上高 売上目標 差額
4
5
6
7
8
9
5
アクティブセルが入力を開始したセルの直下に移動します。
便利な操作です！
A7
A
B
C
D
1
2 売上
3 飲料 売上高 売上目標 差額
4 珈琲
5 紅茶
6 緑茶
7
8
9
6
Enter を押しながら同様に文字を入力していきます。

Section 9

数値データを入力しよう

数値を入力するときは、入力モードを［半角英数字］に切り替えてから入力します。入力した数値データは、セルの幅に対して右揃えで表示されます。

1 セルに数値を入力しよう

1 数値を入力するセルをクリックして、

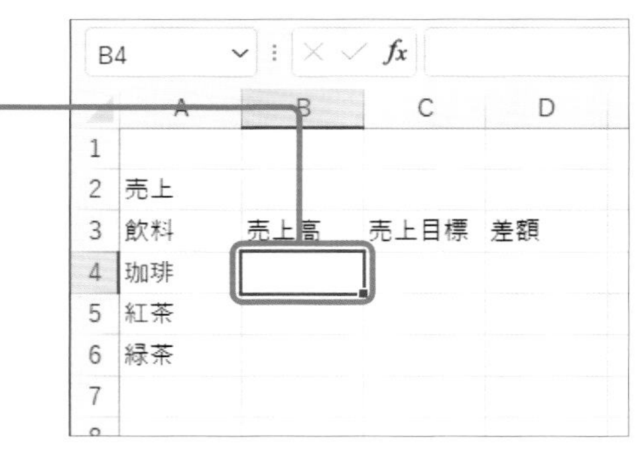

2 半角／全角 を押して、入力モードを［半角英数字］に切り替えます。

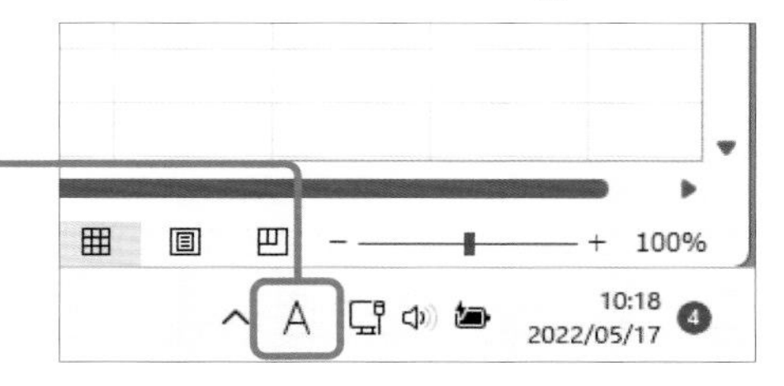

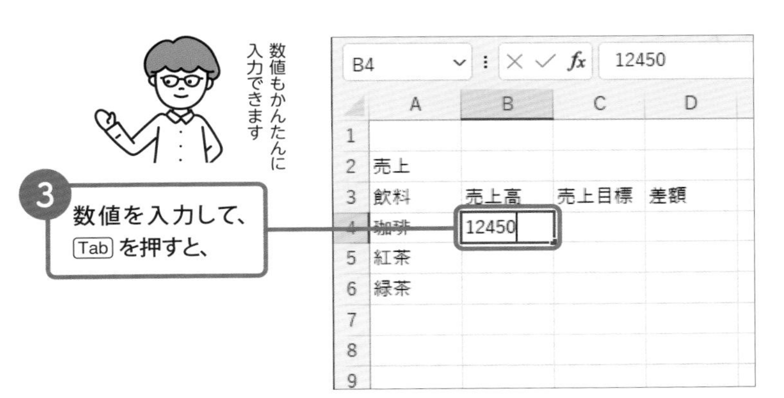

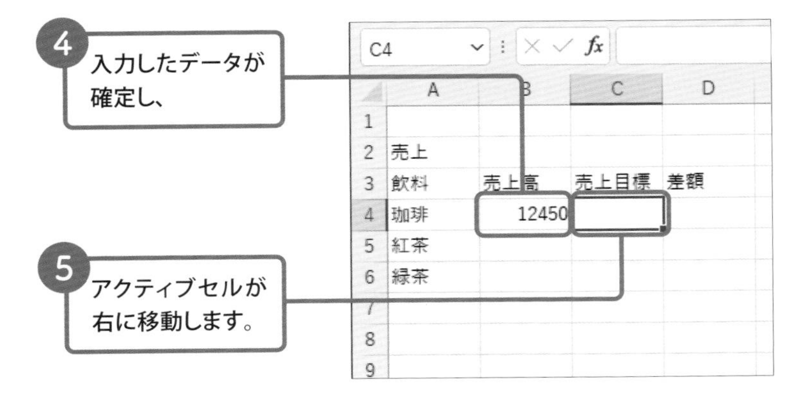

6 同様に数値を入力していきます。

B7

	A	B	C	D
1				
2	売上			
3	飲料	売上高	売上目標	差額
4	珈琲	12450	12000	
5	紅茶	9800	10000	
6	緑茶	4510	5000	
7				
8				
9				

Section
10 日付データを入力しよう

日付を入力するには、「年、月、日」を表す数値を「/」（スラッシュ）や「-」（ハイフン）で区切って入力します。日付を入力するときは、［半角英数字］モードで入力します。

1 セルに日付を入力しよう

1 日付を入力するセルをクリックして、

D2 fx

	A	B	C	D
1				
2	売上			
3	飲料	売上高	売上目標	差額
4	珈琲	12450	12000	
5	紅茶	9800	10000	
6	緑茶	4510	5000	
7				
8				
9				

2 年、月、日を「/」（スラッシュ）で区切って入力します。

D2 fx 2022/10/5

	A	B	C	D
1				
2	売上			2022/10/5
3	飲料	売上高	売上目標	差額
4	珈琲	12450	12000	
5	紅茶	9800	10000	
6	緑茶	4510	5000	
7				
8				
9				

3 Enter を押すと、日付が入力されます。

D3 | fx 差額

	A	B	C	D
1				
2	売上			2022/10/5
3	飲料	売上高	売上目標	差額
4	珈琲	12450	12000	
5	紅茶	9800	10000	
6	緑茶	4510	5000	
7				
8				
9				
10				

日付を正しく入力できました

Memo

「#####」が表示された場合

列幅をユーザーが変更していない場合は、データを入力して確定すると、自動的に列幅が調整されます。すでに変更しており、その列幅が不足している場合は、右図のように表示されます。この場合は、列幅を調整します（96ページ参照）。

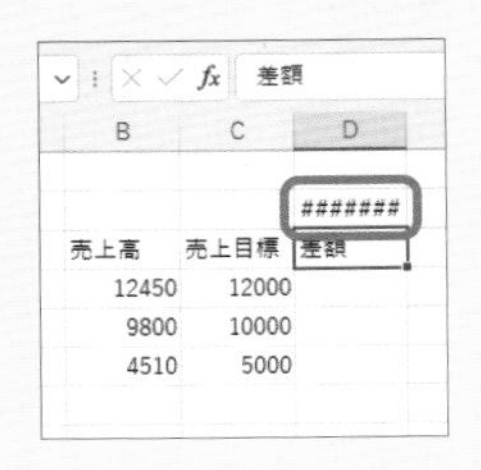

Hint

日付を「10月5日」の形で入力する

日付を10月5日のように入力したいときは、月と日を「/」（スラッシュ）もしくは「-」（ハイフン）で区切って入力します。この場合、セルには10月5日のように表示されますが、実際は、2022年10月5日のように「年」も含めたデータが入力されています。

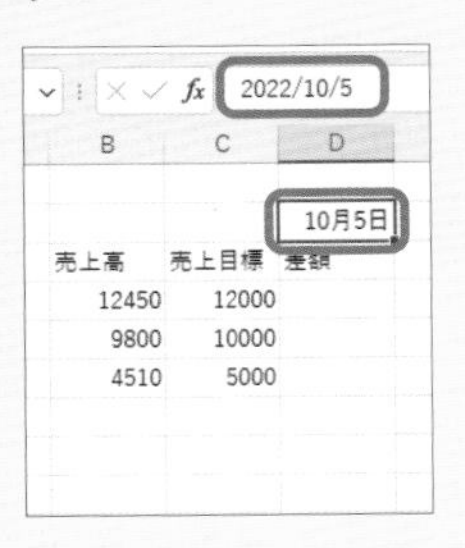

Section 11 同じデータを入力しよう

同じデータを入力するには、オートフィル機能を利用すると便利です。データが入力されたセルを選択して、フィルハンドル（セルの右下隅にある緑の四角形）をドラッグすると、データがコピーされます。

1 同じデータすばやくを入力しよう

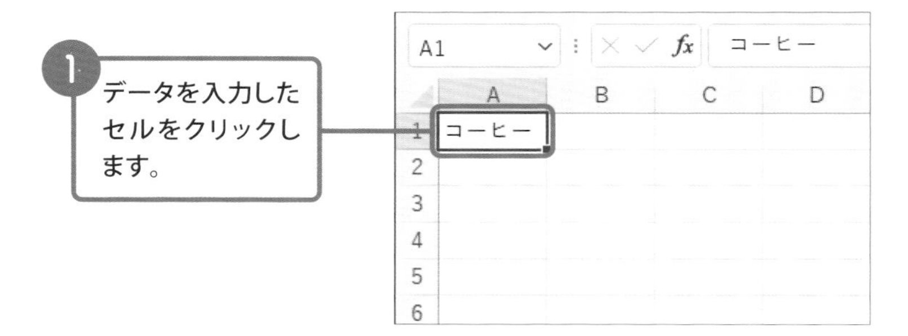

フィルハンドルになっていることを確認しましょう

2 フィルハンドルにマウスポインターを合わせて、

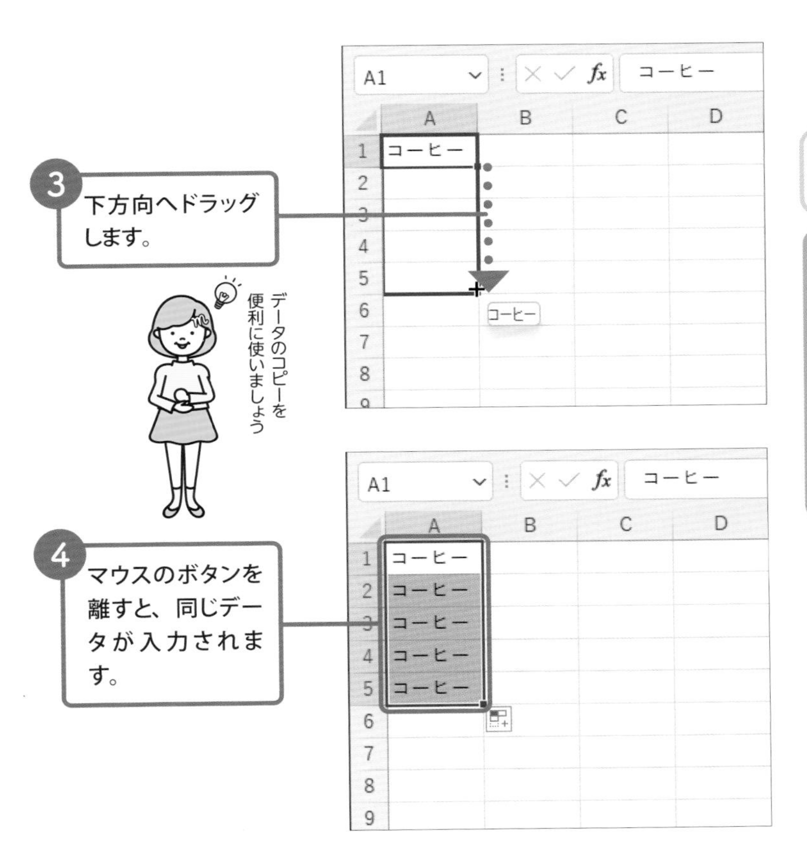

Memo

オートフィル

オートフィルは、セルのデータをもとにして、同じデータや連続するデータをドラッグ操作で入力する機能のことです。文字や数値が入力されたセルを選択して、フィルハンドルをドラッグすると、データがコピーされます。

	A	B
1	コーヒー	
2		
3		
4		
5		

Section 12

連続するデータを入力しよう

連続するデータを入力するには、オートフィル機能を利用すると便利です。連続する数値や曜日、日付などが入力されたセルを選択して、フィルハンドルをドラッグすると、連続データがすばやく入力されます。

1 連続する数値をすばやく入力しよう

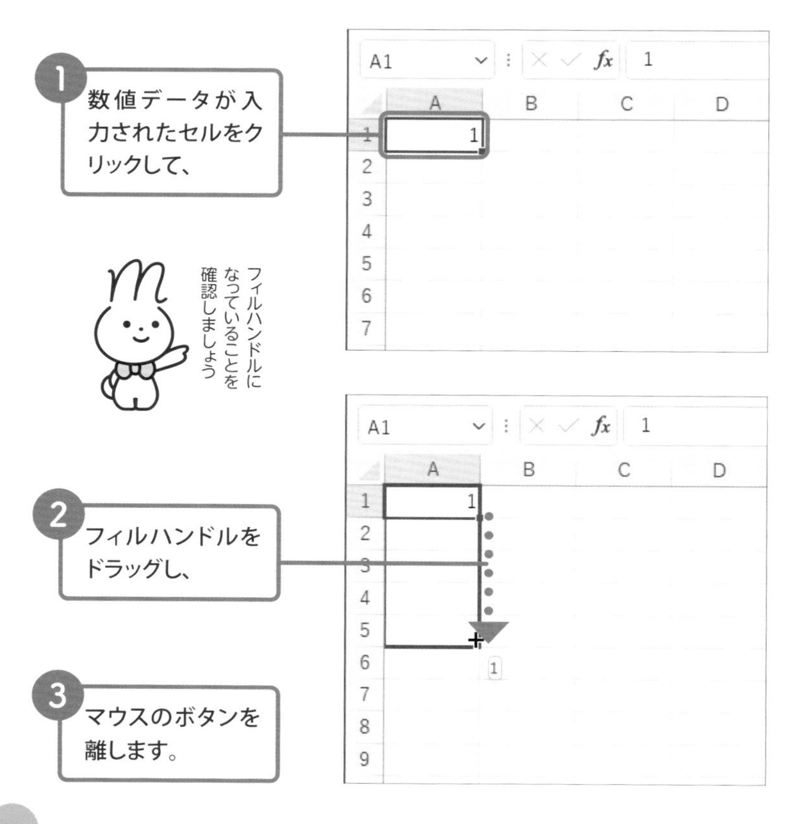

1 数値データが入力されたセルをクリックして、
A1
1
A
B
C
D
フィルハンドルになっていることを確認しましょう
2 フィルハンドルをドラッグし、
3 マウスのボタンを離します。

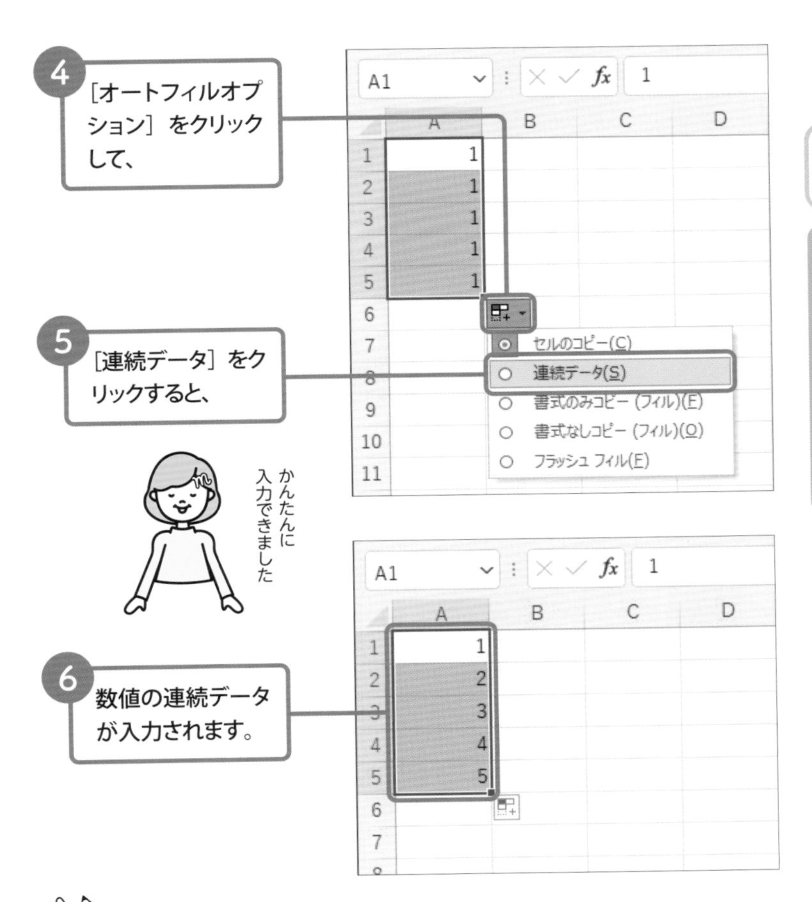

Memo そのほかの方法

連続する数値が入力されたセル範囲を選択してフィルハンドルをドラッグしても、数値の連続データを入力できます。また、数値の入力されたセルをクリックして、Ctrl を押しながらフィルハンドルをドラッグしても、数値の連続データを入力できます。

2 日付や曜日の連続データを入力しよう

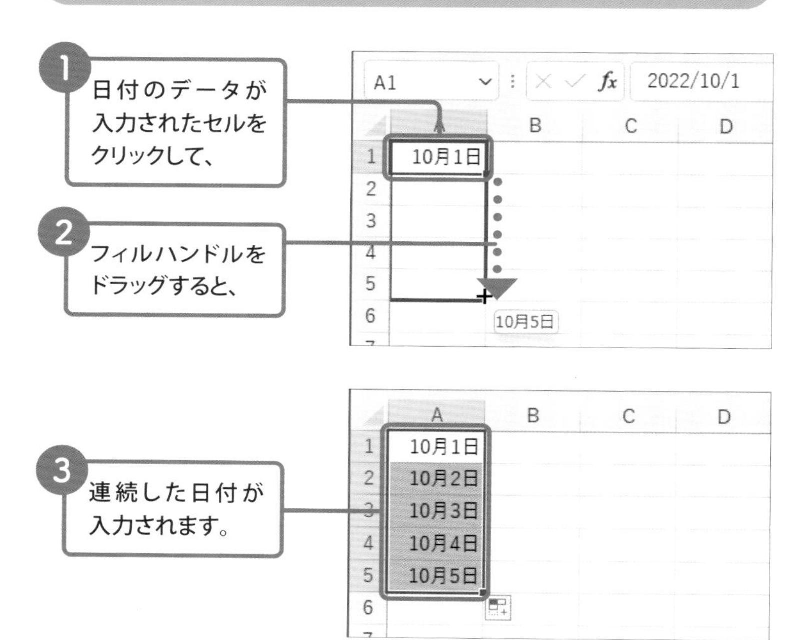

Memo

連続する曜日の入力

連続した曜日も同様に入力できます。曜日は「月曜日」「月」のように入力します。

Hint

こんな場合も連続データになる

間隔を空けた２つ以上の数字や、数字と数字以外の文字を含むデータも連続データとなります。

	A	B
1	第1四半期	
2	第2四半期	
3	第3四半期	
4	第4四半期	

3 期間を指定して日付を入力しよう

1 日付が入力されたセルのフィルハンドルをドラッグすると、連続データが入力されます。

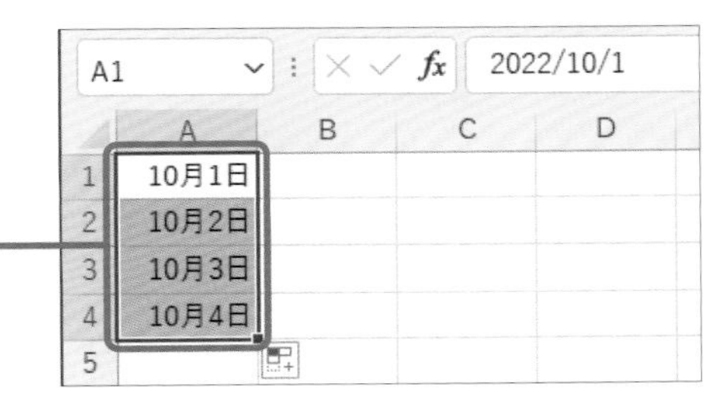

2 [オートフィルオプション] をクリックして、

3 [連続データ（月単位)] をクリックすると、

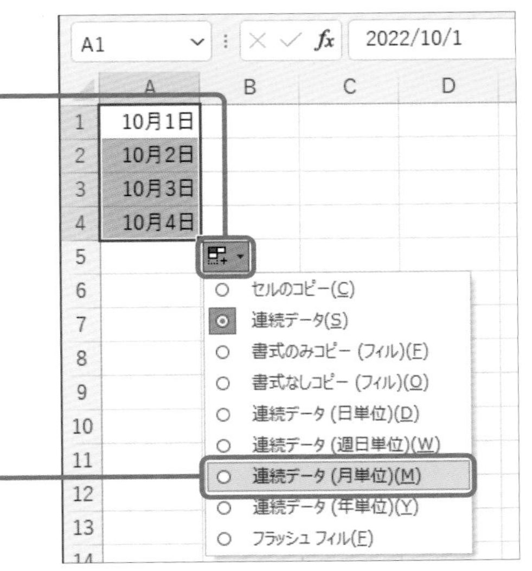

4 日付が月単位の間隔で入力されます。

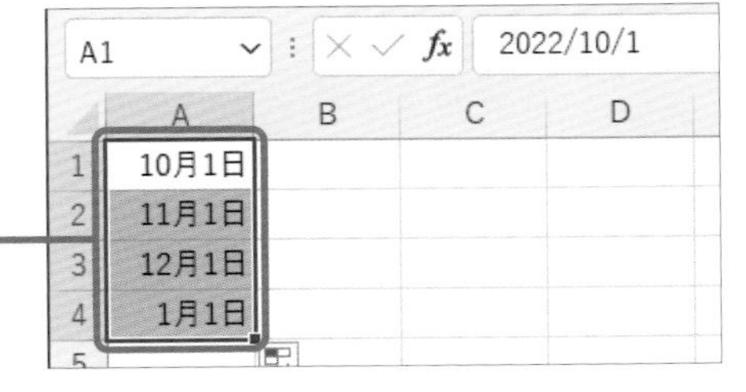

Section 13

データを修正しよう

セルに入力したデータを修正するには、セル内のデータをすべて書き換える方法と、データの一部を修正する方法があります。データをすべて書き換える場合はセルを、データの一部を修正する場合は、セルか数式バーを使います。

1 セル内のデータを書き換えよう

1 修正するセルをクリックして、

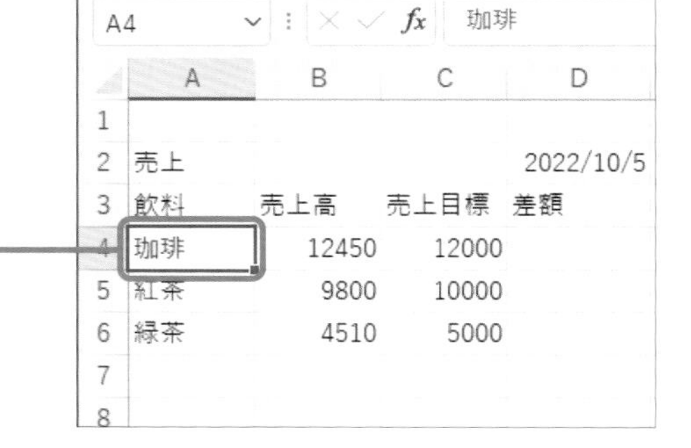

2 データを入力すると、もとのデータが書き換えられます。

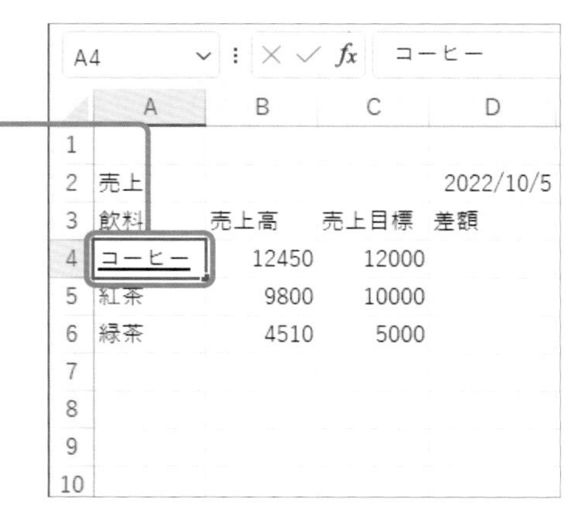

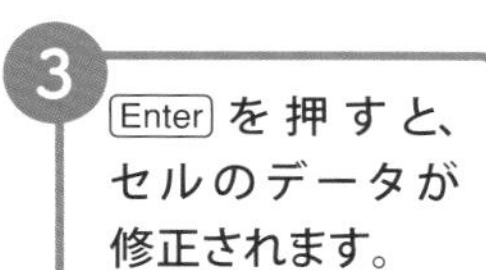
3 Enter を押すと、セルのデータが修正されます。

2 セル内のデータの一部を修正しよう

1 データを修正するセルをダブルクリックすると、

A5 | 紅茶

	A	B	C	D
1				
2	売上			2022/10/5
3	飲料	売上高	売上目標	差額
4	コーヒー	12450	12000	
5	紅茶	9800	10000	
6	緑茶	4510	5000	
7				
8				

2 セル内にカーソルが表示されます。

3 修正したい文字の前をクリックしてカーソルを移動します。

A2 | 売上

	A	B	C	D
1				
2	売上			2022/10/5
3	飲料	売上高	売上目標	差額
4	コーヒー	12450	12000	
5	紅茶	9800	10000	
6	緑茶	4510	5000	
7				
8				

4 データを入力してEnterを押すと、セルのデータが修正されます。

A3 | 飲料

	A	B	C	D
1				
2	ドリンク売上			2022/10/5
3	飲料	売上高	売上目標	差額
4	コーヒー	12450	12000	
5	紅茶	9800	10000	
6	緑茶	4510	5000	
7				
8				

Section 14

データを削除しよう

入力したデータが不要になった場合は、削除します、データを削除したいセルをクリックして、Delete を押します。複数のセルのデータを削除するには、データを削除するセルをドラッグして選択し、Delete を押します。

1 セル内のデータを削除しよう

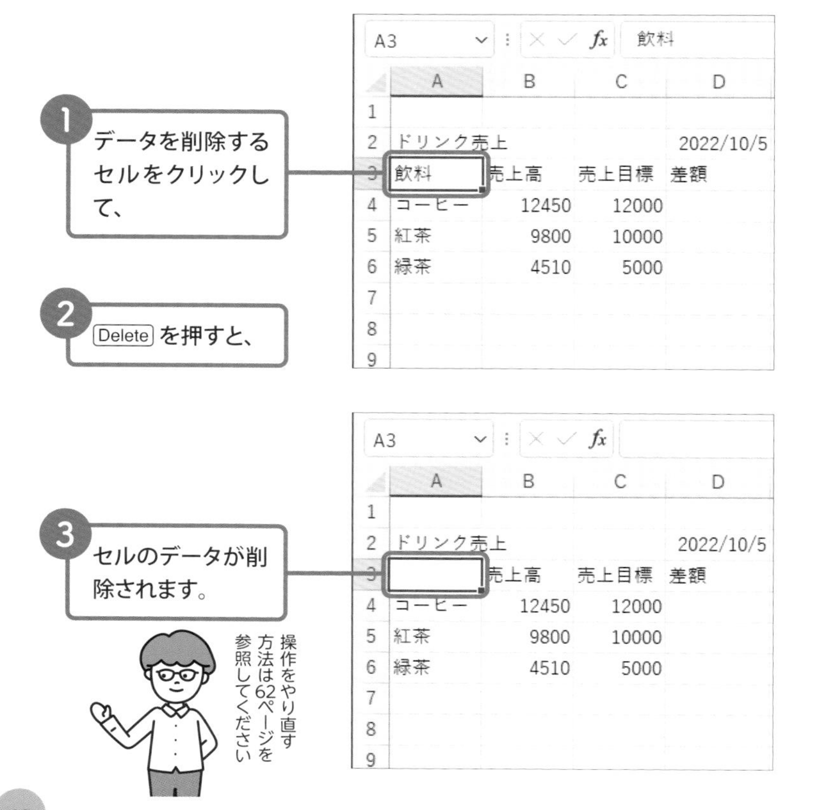

2 複数のセル内のデータを削除しよう

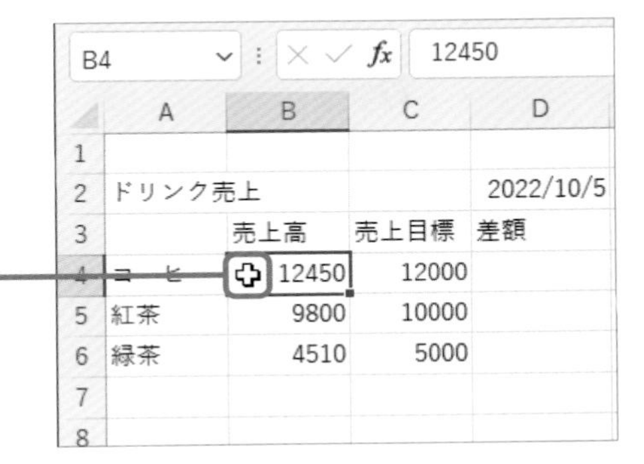

1 データを削除するセル範囲の始点となるセルにマウスポインターを合わせて、

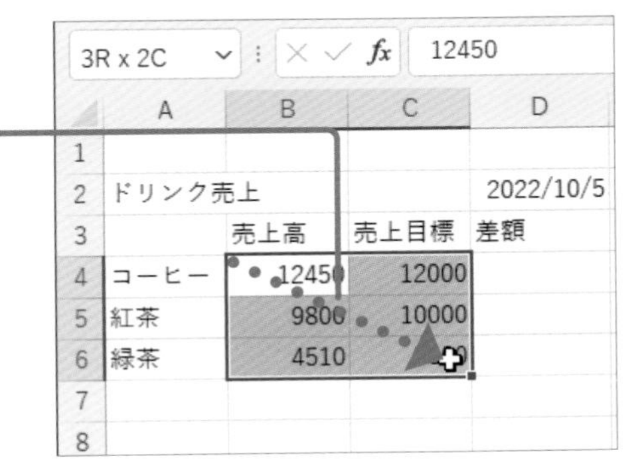

2 そのまま終点となるセルまでドラッグして、セル範囲を選択します。

3 Delete を押すと、

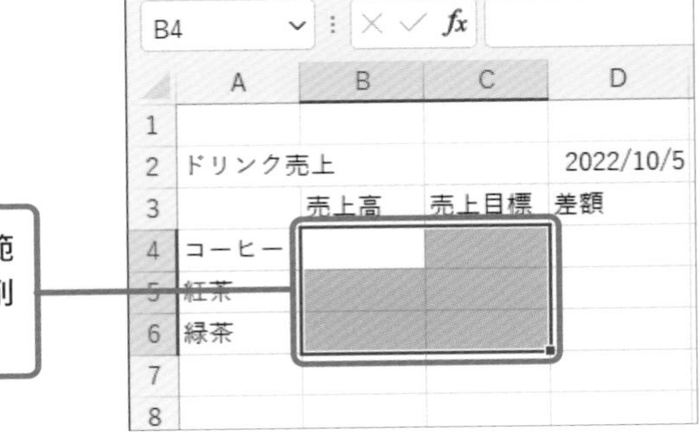

4 選択したセル範囲のデータが削除されます。

Section 15

操作をもとに戻そう／やり直そう

操作を間違えてデータを削除したり、移動したりしてしまった場合は、操作をもとに戻したり、やり直したりすることができます。直前の操作だけでなく、複数の操作をまとめてもとに戻すこともできます。

1 操作をもとに戻そう

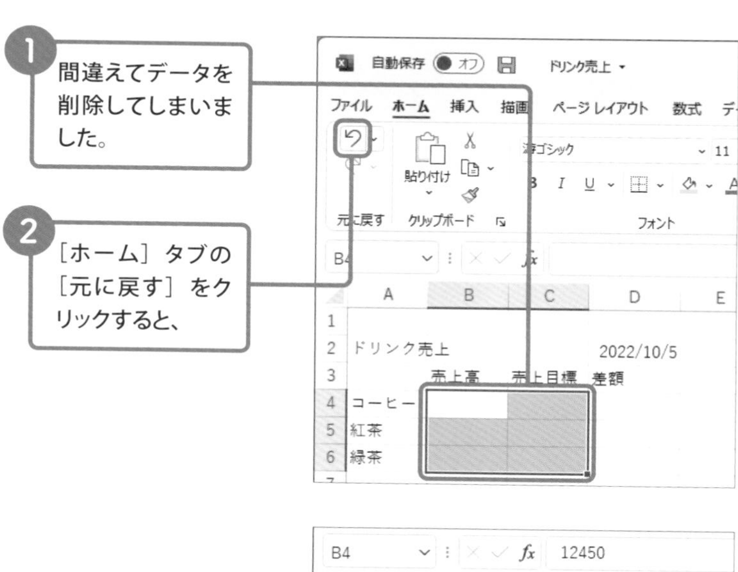

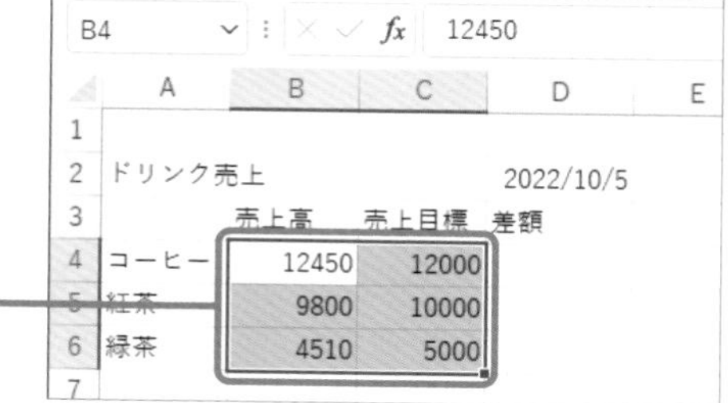

2 操作をやり直そう

1 ［ホーム］タブの［やり直し］をクリックすると、

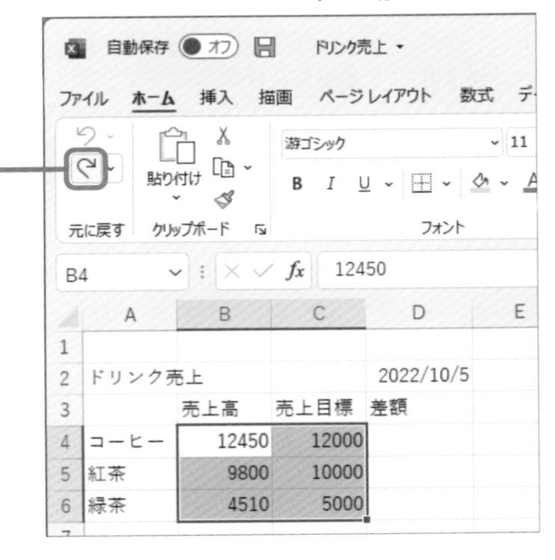

2 取り消した操作がやり直され、データが削除されます。

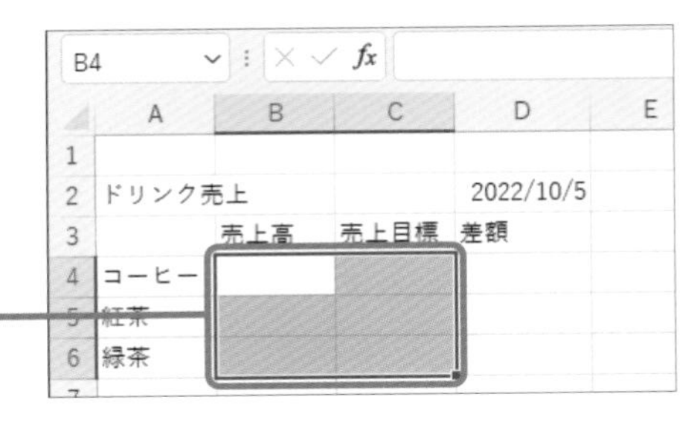

Hint 複数の操作をもとに戻す／やり直す

複数の操作をまとめて取り消したり、やり直したりするには、［元に戻す］や［やり直し］のをクリックして、一覧から操作を選択します。

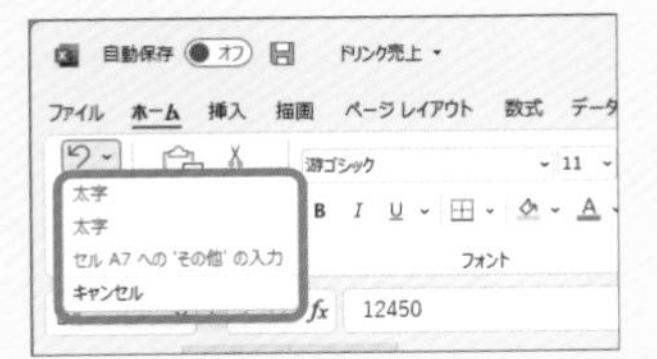

Chapter 2

表の作成

Section
16 セルやセル範囲を選択しよう

データの削除やコピー、移動などを行う際には、操作の対象となるセルやセル範囲を選択します。複数のセル範囲を選択したり、離れた場所にあるセルを同時に選択したり、行や列単位で選択したりする方法を紹介します。

1 セル範囲を選択しよう

1 選択範囲の始点となるセルにマウスポインターを合わせて、

A1

	A	B	C	D
1				
2	ドリンク売上			2022/10/5
3		売上高	売上目標	差額
4	コーヒー	12450	12000	
5	紅茶	9800	10000	
6	緑茶	4510	5000	
7				
8				

2 そのまま、終点となるセルまでドラッグし、

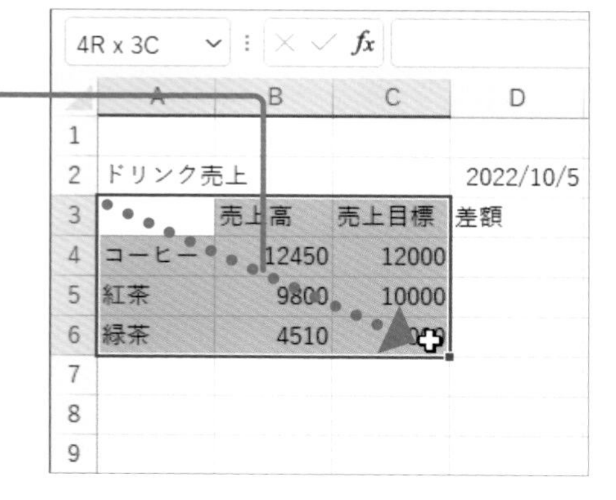

3 マウスのボタンを離すと、セル範囲が選択されます。

2 離れた位置にあるセルを選択しよう

1 最初のセルをクリックします。

	A	B	C	D	E
1					
2	ドリンク売上			2022/10/5	
3		売上高	売上目標	差額	
4	コーヒー	12450	12000		

2 Ctrl を押しながら別のセルをクリックすると、セルが追加選択されます。

	A	B	C	D	E
1					
2	ドリンク売上			2022/10/5	
3		売上高	売上目標	差額	
4	コーヒー	12450	12000		
5	紅茶	9800	10000		
6	緑茶	4510	5000		

3 続いて、Ctrl を押しながら別のセル範囲をドラッグすると、

	A	B	C	D	E
1					
2	ドリンク売上			2022/10/5	
3		売上高	売上目標	差額	
4	コーヒー	12450	12000		
5	紅茶	9800	10000		
6	緑茶	4510	5000		
7					

4 離れた位置にある複数のセル範囲が追加選択されます。

Memo

セルの選択を解除する

セルを複数選択したあとで特定のセルだけ選択を解除するには、Ctrl を押しながらセルをクリックあるいはドラッグします。また、セル範囲の選択を解除するには、いずれかのセルをクリックします。

3 行や列を選択しよう

1 行番号の上にマウスポインターを合わせてクリックすると、

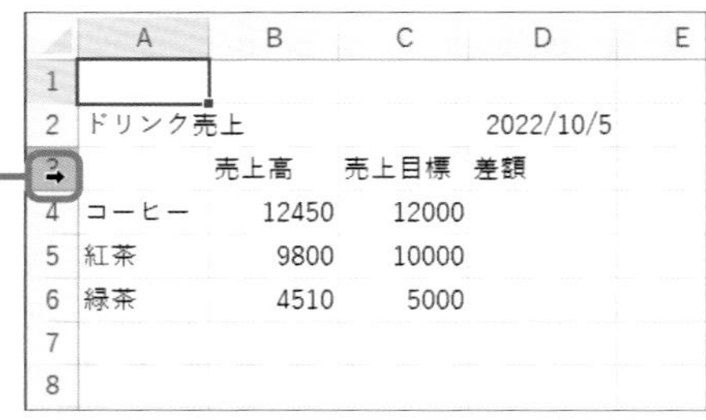

	A	B	C	D	E
1					
2	ドリンク売上			2022/10/5	
3		売上高	売上目標	差額	
4	コーヒー	12450	12000		
5	紅茶	9800	10000		
6	緑茶	4510	5000		
7					
8					

2 行全体が選択されます。

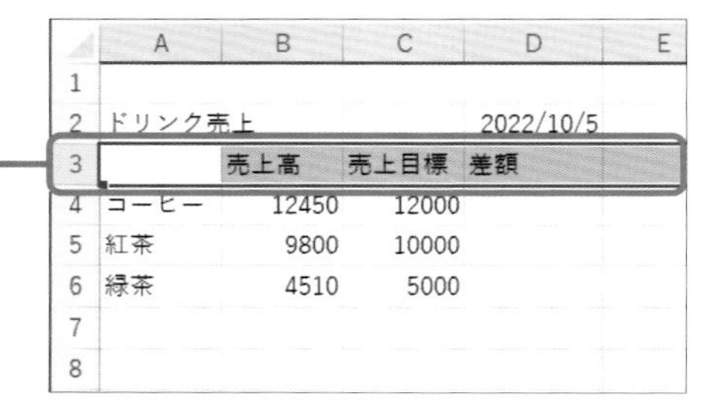

	A	B	C	D	E
1					
2	ドリンク売上			2022/10/5	
3		売上高	売上目標	差額	
4	コーヒー	12450	12000		
5	紅茶	9800	10000		
6	緑茶	4510	5000		
7					
8					

3 そのまま下方向にドラッグすると、複数の行が選択されます。

	A	B	C	D	E
1					
2	ドリンク売上			2022/10/5	
3		売上高	売上目標	差額	
4	コーヒー	12450	12000		
5	紅茶	9800	10000		
6	緑茶	4510	5000		
7					
8					

Memo

列を選択する

列を選択する場合は、列番号をクリックします。そのまま右方向にドラッグすると、複数の列が選択されます。

4 離れた位置にある行や列を選択しよう

1 列番号の上にマウスポインターを合わせてクリックすると、

A1

	A	B	C	D	E
1					
2	ドリンク売上			2022/10/5	
3		売上高	売上目標	差額	
4	コーヒー	12450	12000		
5	紅茶	9800	10000		
6	緑茶	4510	5000		
7					
8					
9					

2 列全体が選択されます。

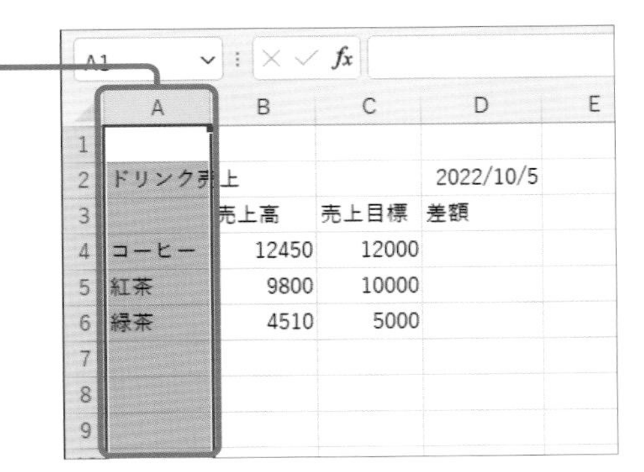

	A	B	C	D	E
1					
2	ドリンク売上			2022/10/5	
3		売上高	売上目標	差額	
4	コーヒー	12450	12000		
5	紅茶	9800	10000		
6	緑茶	4510	5000		
7					
8					
9					

3 Ctrl を押しながら別の列番号をクリックすると、

4 離れた位置にある列が追加選択されます。

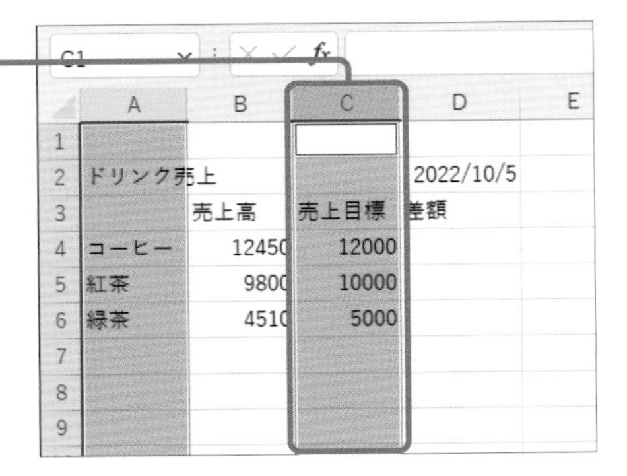

	A	B	C	D	E
1					
2	ドリンク売上			2022/10/5	
3		売上高	売上目標	差額	
4	コーヒー	12450	12000		
5	紅茶	9800	10000		
6	緑茶	4510	5000		
7					
8					
9					

Section 17

データをコピーしよう／移動しよう

入力済みのデータと同じデータを入力する場合は、データをコピーして貼り付けると入力の手間が省けます。また、入力済みのデータを移動するには、セル範囲を切り取って目的の位置に貼り付けます。

1 データをコピーして貼り付けよう

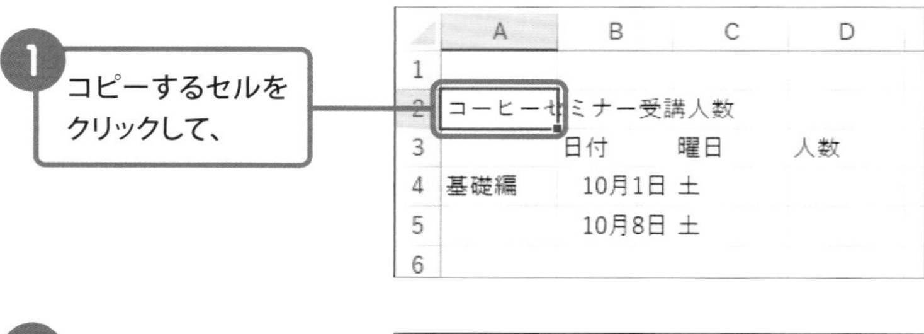

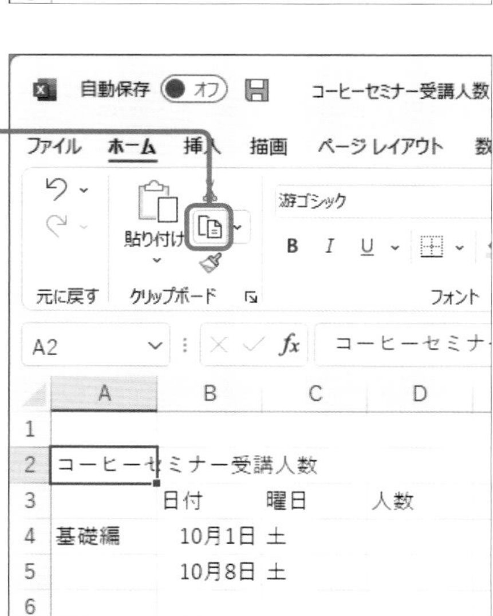

2 ［ホーム］タブの［コピー］をクリックします。

Memo データの貼り付け

コピーもとのセル範囲が破線で囲まれている間は、コピーもとのデータを何度でも貼り付けることができます。

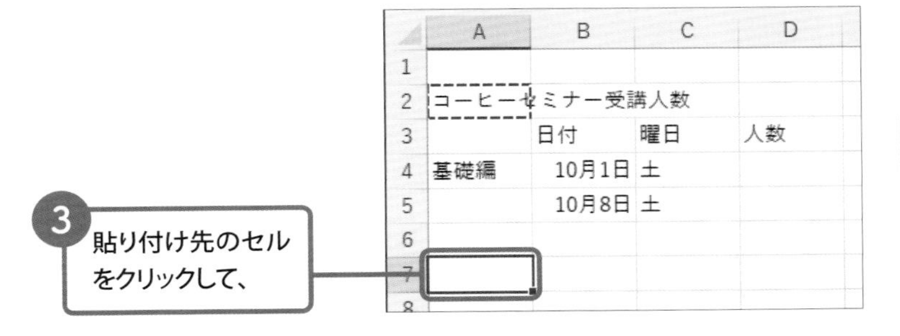

4 ［ホーム］タブの［貼り付け］をクリックすると、

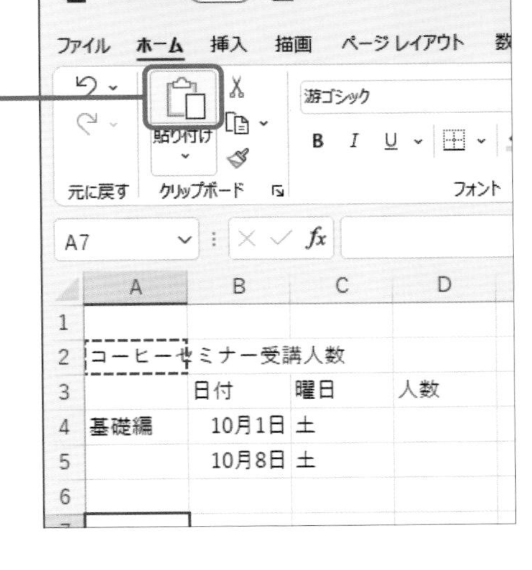

かんたんに貼り付けられました！

	A	B	C	D
1				
2	コーヒーセミナー受講人数			
3		日付	曜日	人数
4	基礎編	10月1日	土	
5		10月8日	土	
6				
7	コーヒーセミナー受講人数			
8		(Ctrl)		

5 データがコピーされます。

2 ドラッグ操作でデータをコピーしよう

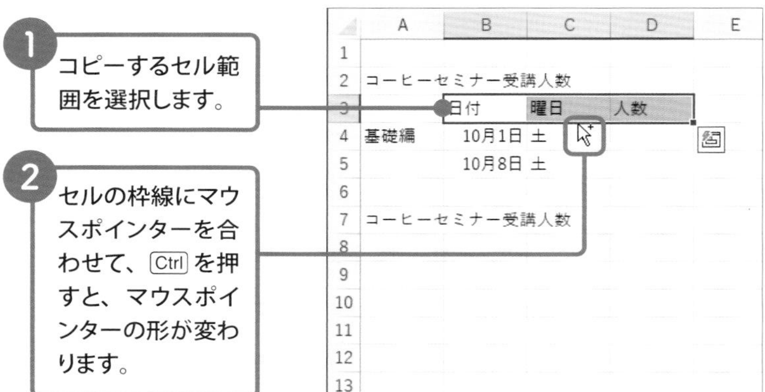

1 コピーするセル範囲を選択します。

2 セルの枠線にマウスポインターを合わせて、Ctrl を押すと、マウスポインターの形が変わります。

3 Ctrl を押しながらドラッグし、コピー先でマウスのボタンを離すと、

4 選択したセル範囲がコピーされます。

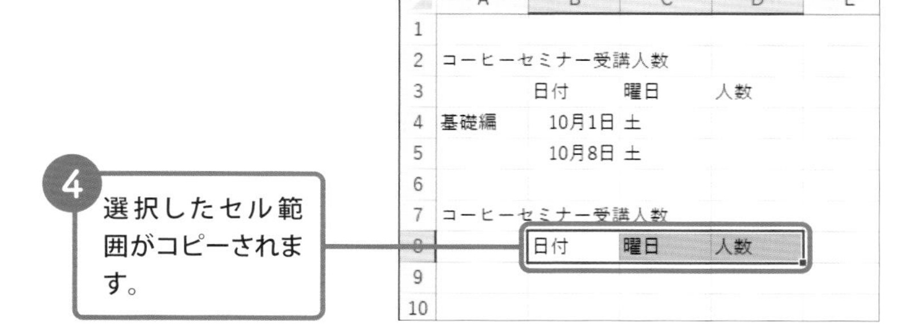

3 データを切り取って貼り付けよう

1 移動するセルをクリックして、

	A	B	C	D	E
1					
2	コーヒーセミナー受講人数				
3		日付	曜日	人数	
4	基礎編	10月1日	土		
5		10月8日	土		
6					
7					

2 ［ホーム］タブの［切り取り］をクリックします。

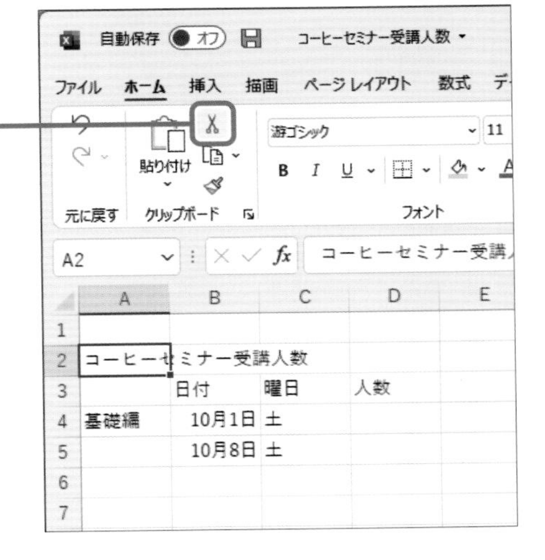

3 移動先のセルをクリックして、

	A	B	C	D	E
1					
2	コーヒーセミナー受講人数				
3		日付	曜日	人数	
4	基礎編	10月1日	土		
5		10月8日	土		
6					
7					
8					
9					
10					

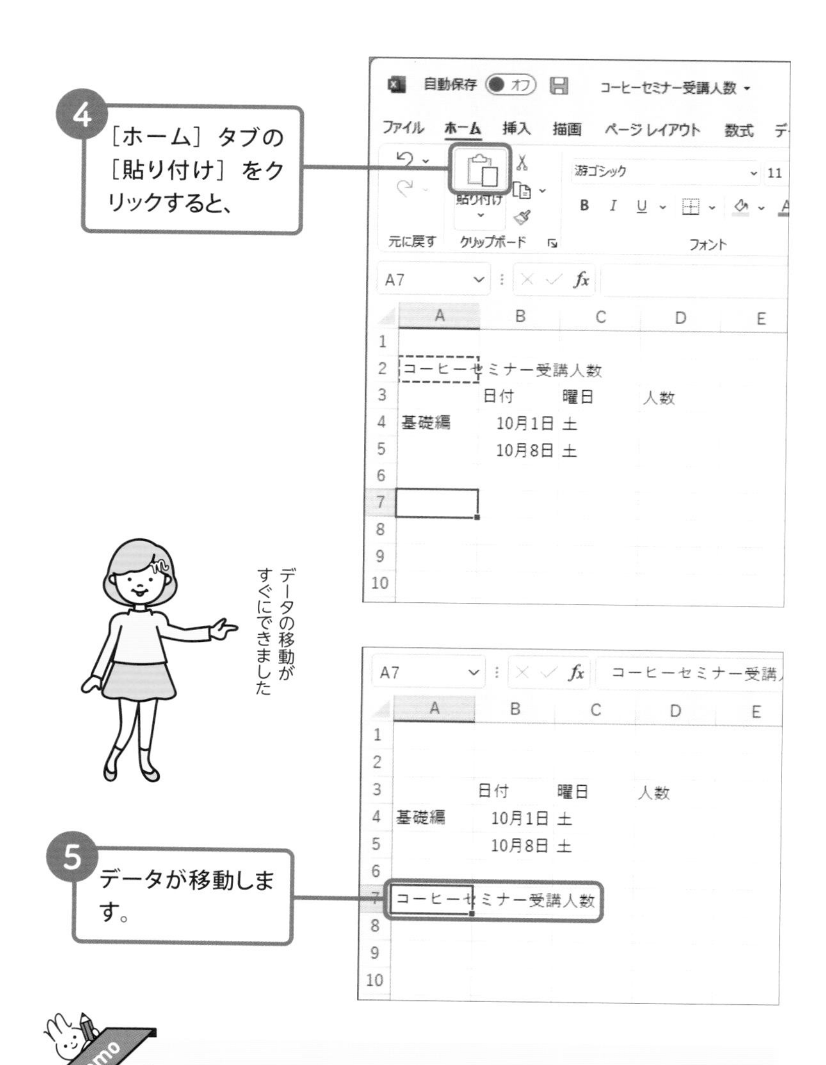

移動をキャンセルする

Memo

移動もとのセル範囲が破線で囲まれている間は、Esc を押すと、移動をキャンセルすることができます。

4 ドラッグ操作でデータを移動しよう

1 移動するセル範囲を選択します。

2 セルの枠線にマウスポインターを合わせると、マウスポインターの形が変わります。

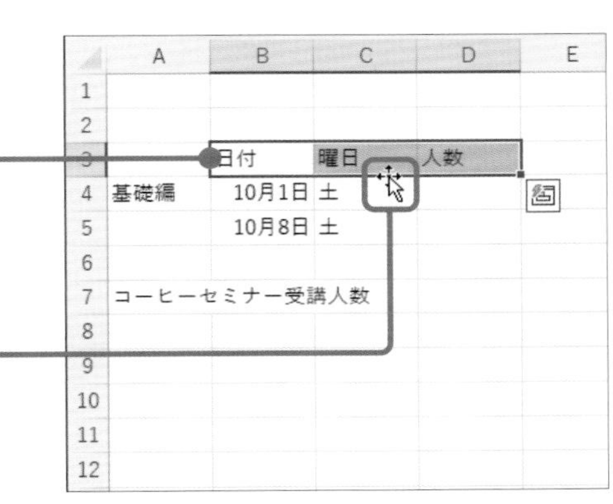

3 移動先へドラッグしてマウスのボタンを離すと、

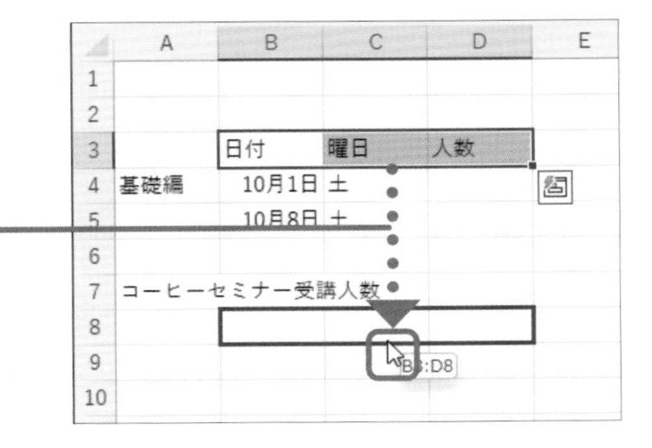

4 選択したセル範囲が移動します。

	A	B	C	D	E
1					
2					
3					
4	基礎編	10月1日	土		
5		10月8日	土		
6					
7	コーヒーセミナー受講人数				
8		日付	曜日	人数	
9					
10					

Section

18 罫線を引こう

シートに必要なデータを入力したら、表を見やすくするために罫線を引きます。［ホーム］タブの［罫線］のメニューを利用すると、選択したセル範囲に目的の罫線を引くことができます。

1 表全体に罫線を引こう

1 表全体のセル範囲を選択します。

A3

	A	B	C	D	E
1	ドリンク売上			2022/10/5	
2					
3		売上高	売上目標	差額	
4	コーヒー	12450	12000		
5	紅茶	9800	10000		
6	緑茶	4510	5000		
7					

2 ［ホーム］タブの［罫線］のここをクリックして、

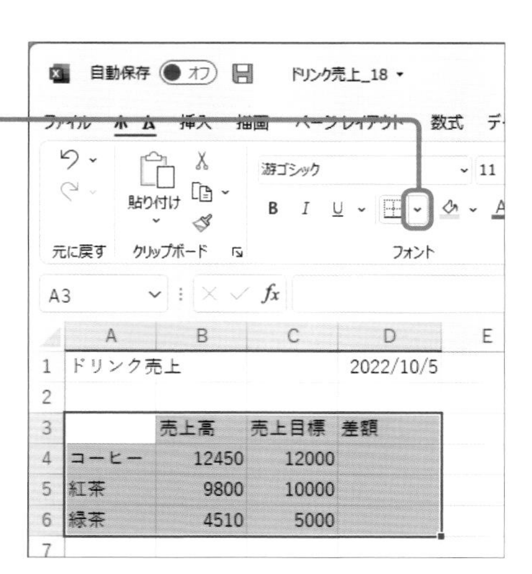

罫線とは
表に引く線のことです

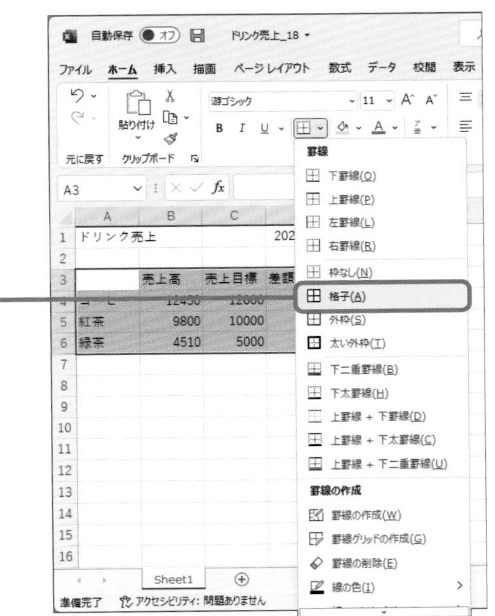

3 罫線の種類（ここでは［格子］を）クリックすると、

罫線の種類を選ぶことができます

A1 ドリンク売上

	A	B	C	D
1	ドリンク売上			2022/10/5
2				
3		売上高	売上目標	差額
4	コーヒー	12450	12000	
5	紅茶	9800	10000	
6	緑茶	4510	5000	

4 選択したセル範囲に格子の罫線が引かれます。

2 セルに斜線を引こう

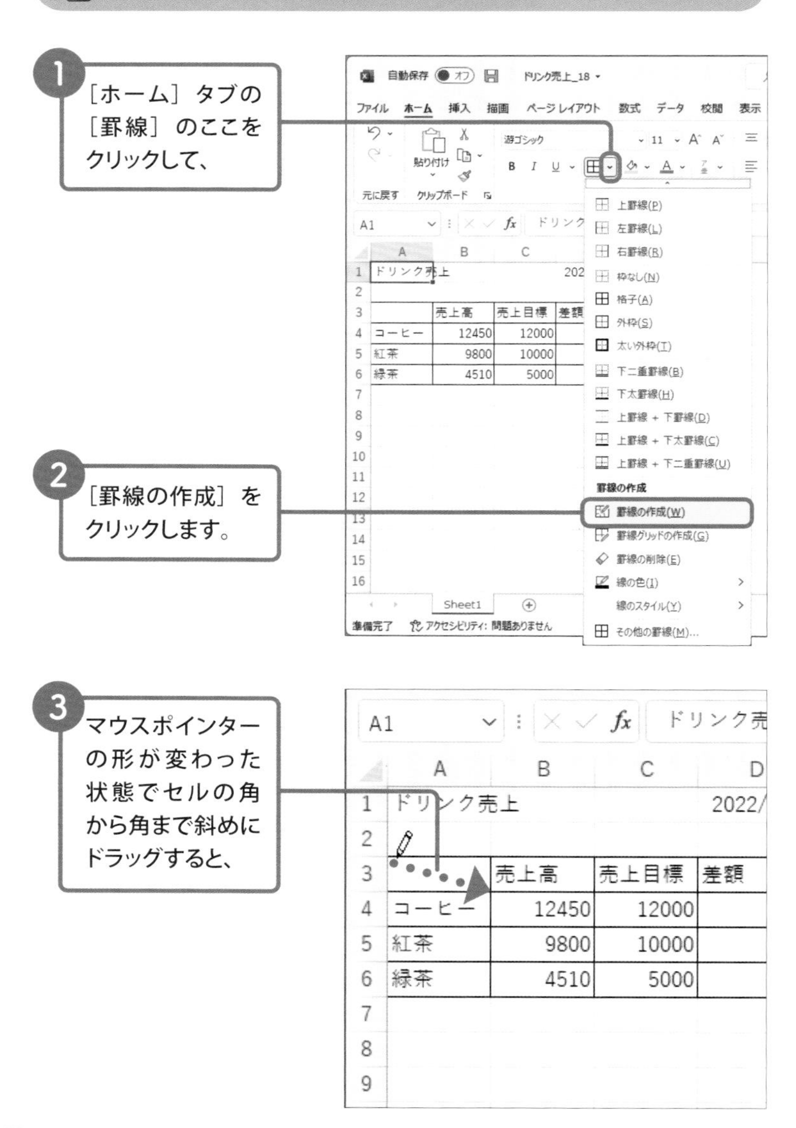
1
［ホーム］タブの［罫線］のここをクリックして、
2
［罫線の作成］をクリックします。
3
マウスポインターの形が変わった状態でセルの角から角まで斜めにドラッグすると、
上罫線(P)
左罫線(L)
右罫線(R)
枠なし(N)
格子(A)
外枠(S)
太い外枠(T)
下二重罫線(B)
下太罫線(H)
上罫線 + 下罫線(D)
上罫線 + 下太罫線(C)
上罫線 + 下二重罫線(U)
罫線の作成
罫線の作成(W)
罫線グリッドの作成(G)
罫線の削除(E)
線の色(I)
線のスタイル(Y)
その他の罫線(M)...
ドリンク売上
売上高
売上目標
差額
コーヒー
12450
12000
紅茶
9800
10000
緑茶
4510
5000

4 斜線が引かれます。

A1 ドリンク売

	A	B	C	D
1	ドリンク売上			2022/
2				
3		売上高	売上目標	差額
4	コーヒー	12450	12000	
5	紅茶	9800	10000	
6	緑茶	4510	5000	
7				
8				
9				
10				
11				

5 Esc を押して、マウスポインターをもとの形に戻します。

Hint

罫線を削除する

罫線を削除するには、目的のセル範囲を選択して、罫線メニューを表示し、［枠なし］をクリックします。一部の罫線を削除するには、［罫線の削除］をクリックして、罫線を削除したいセル範囲をドラッグまたはクリックします。

A1 ドリンク売上

	A	B	C	D
1	ドリンク売上			2022/10/5
2				
3		売上高	売上目標	差額
4	コーヒー	12450	12000	
5	紅茶	9800	10000	
6	緑茶	4510	5000	
7				
8				
9				
10				

Section

19 罫線の種類を変えよう

罫線は、［セルの書式設定］ダイアログボックスを利用して引くこともできます。［セルの書式設定］ダイアログボックスを利用すると、罫線の種類や色などをまとめて設定することができます。

1 罫線の種類と色を変更しよう

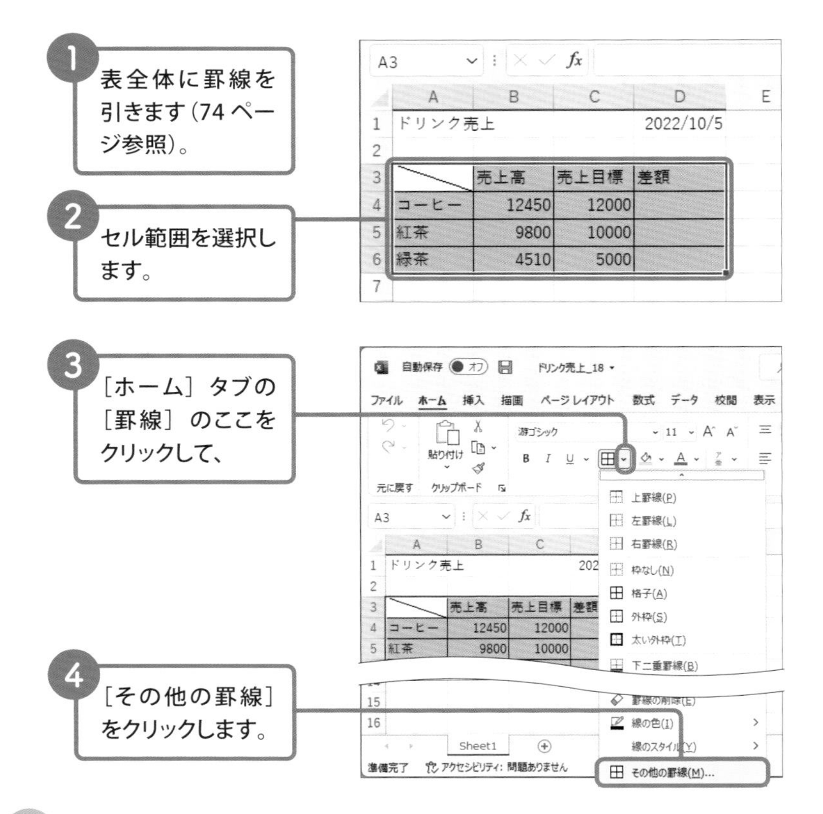

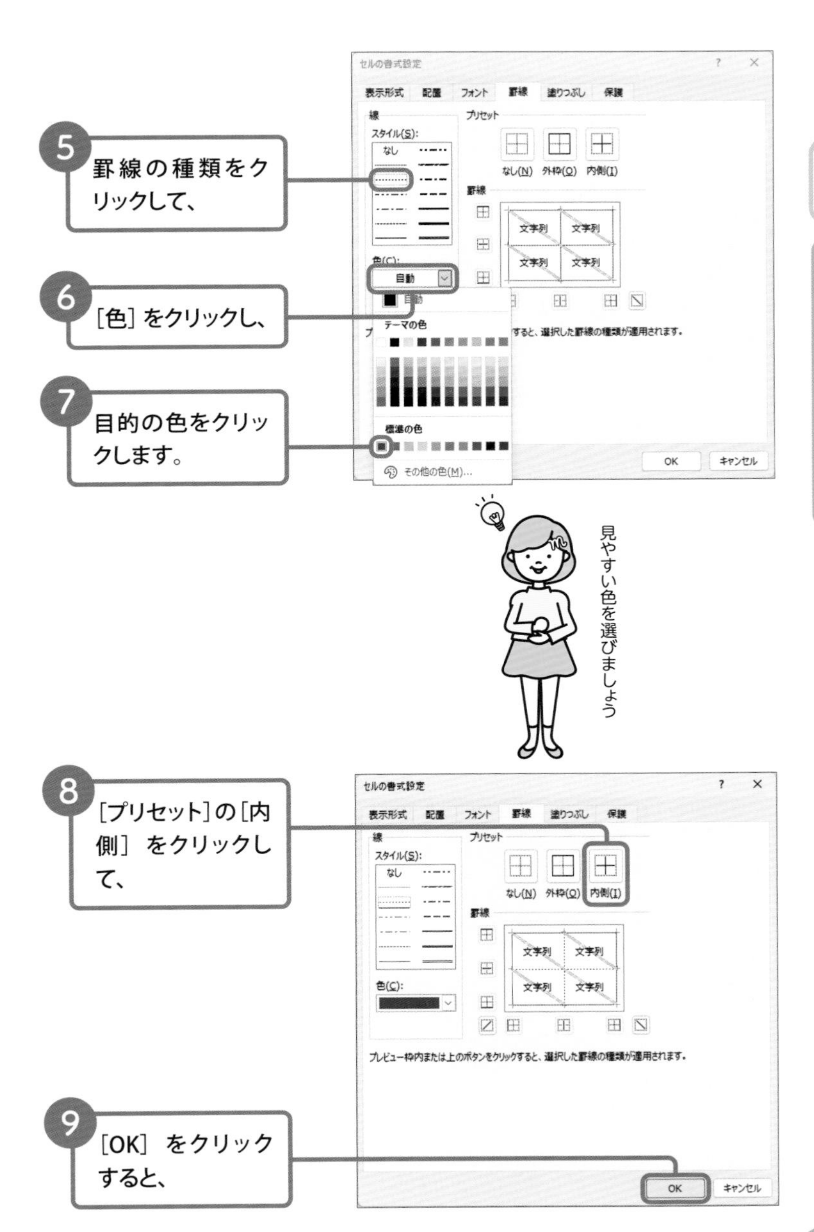
5
罫線の種類をクリックして、
6
[色] をクリックし、
7
目的の色をクリックします。
見やすい色を選びましょう
8
[プリセット]の[内側] をクリックして、
9
[OK] をクリックすると、
セルの書式設定
表示形式
配置
フォント
罫線
塗りつぶし
保護
線
スタイル(S):
なし
色(C):
自動
テーマの色
標準の色
その他の色(M)...
プリセット
なし(N)
外枠(O)
内側(I)
文字列
プレビュー枠内または上のボタンをクリックすると、選択した罫線の種類が適用されます。
OK
キャンセル

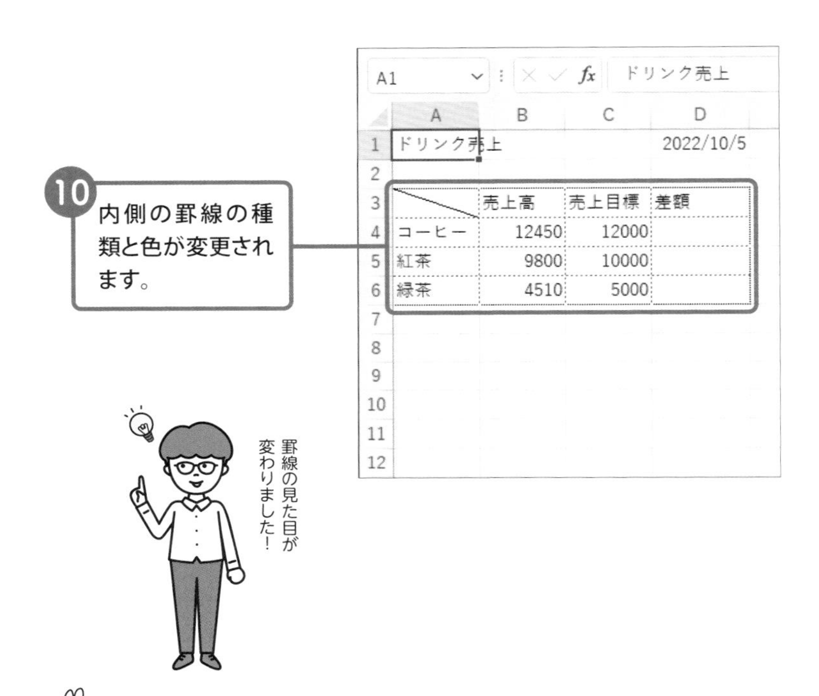

Hint ダイアログボックスで罫線を削除する

［セルの書式設定］ダイアログボックスで罫線を削除するには、［罫線］のプレビュー枠内や周囲のアイコンの削除したい箇所をクリックします。すべての罫線を削除するには、［プリセット］欄の［なし］をクリックします。

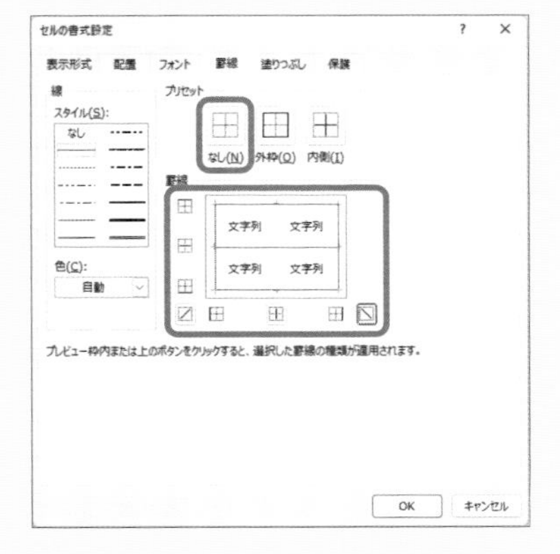

Chapter

3

文字とセルの書式を編集しよう

Section

Section 20

文字やセルに色を付けよう

文字やセルの背景に色を付けると、見やすい表に仕上がります。文字に色を付けるには［ホーム］タブの［フォントの色］を、セルに背景色を付けるには［塗りつぶしの色］を利用します。

1 文字に色を付けよう

1 文字色を付けるセルをクリックします。

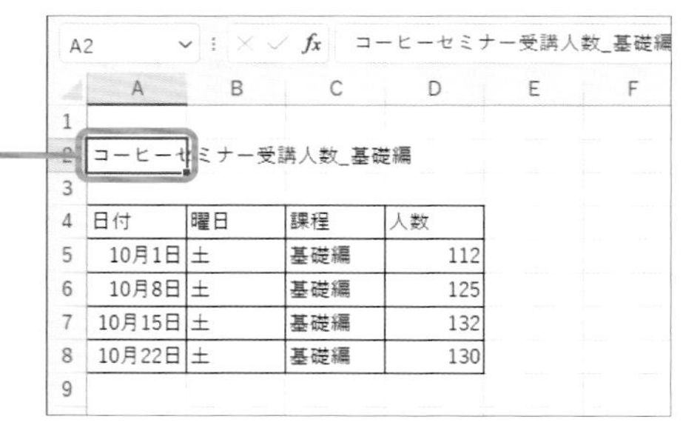

2 ［ホーム］タブの［フォントの色］のここをクリックして、

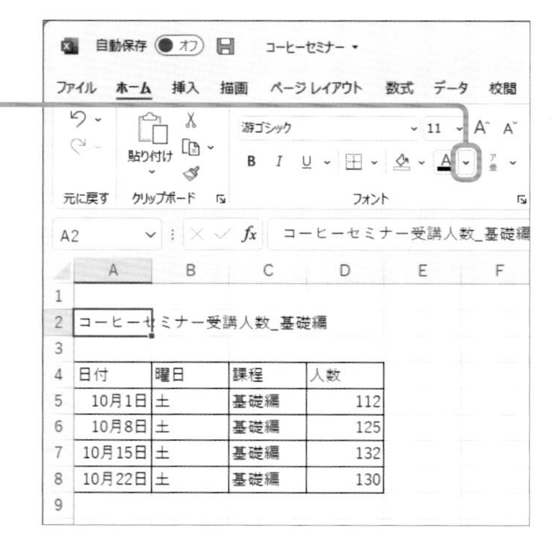

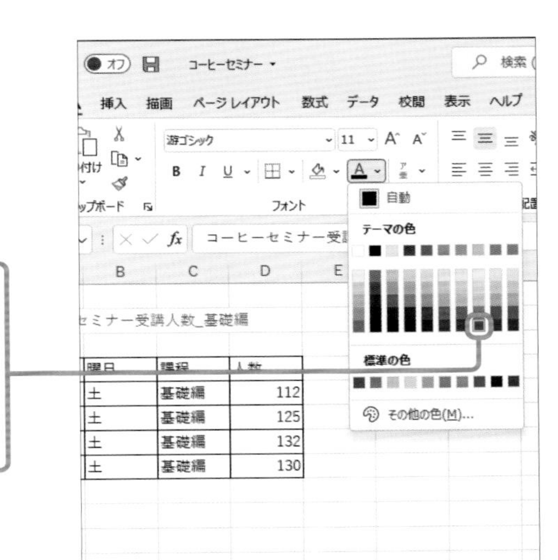

❸ 目的の色にマウスポインターを合わせると、色が一時的に適用されて表示されます。

❹ 色をクリックすると、文字の色が変更されます。

A2 コーヒーセミナー受講人数_基礎編

日付	曜日	課程	人数
10月1日	土	基礎編	112
10月8日	土	基礎編	125
10月15日	土	基礎編	132
10月22日	土	基礎編	130

Memo

もとに戻す

文字の色をもとに戻すには、セルをクリックして、手順❸で［自動］をクリックします。

2 セルに色を付けよう

1 色を付けるセル範囲を選択します。

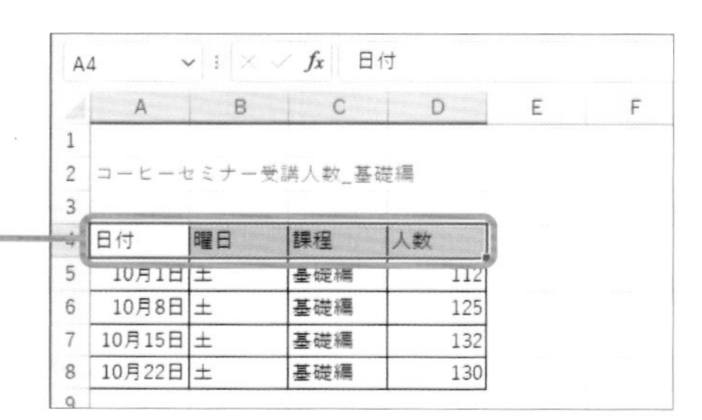

2 ［ホーム］タブの［塗りつぶしの色］のここをクリックして、

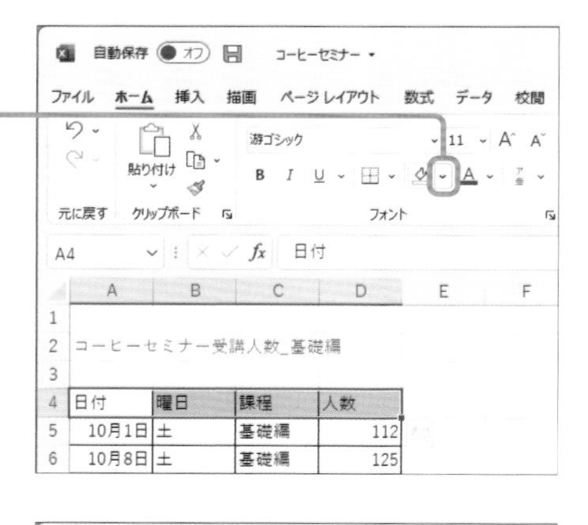

3 目的の色にマウスポインターを合わせると、色が一時的に適用されて表示されます。

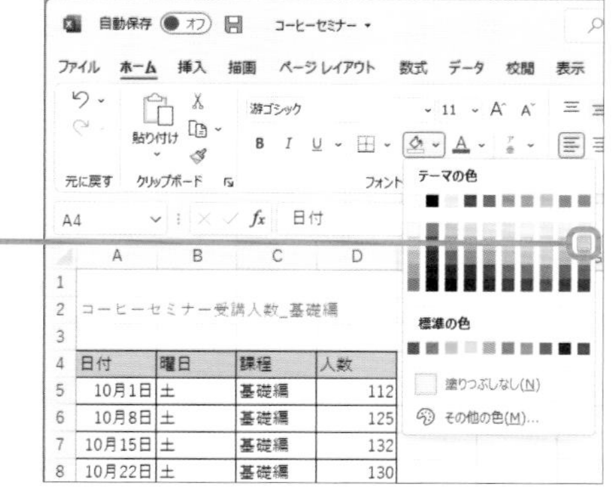

4 色をクリックすると、セルの背景に色が付きます。

A1

	A	B	C	D	E	F
1						
2	コーヒーセミナー受講人数_基礎編					
3						
4	日付	曜日	課程	人数		
5	10月1日	土	基礎編	112		
6	10月8日	土	基礎編	125		
7	10月15日	土	基礎編	132		
8	10月22日	土	基礎編	130		
9						
10						
11						
12						
13						

Memo

背景色を消す

セルの背景色を消すには、目的の範囲を選択して、84ページの手順❸で［塗りつぶしなし］をクリックします。

Stepup

［セルのスタイル］を利用する

［ホーム］タブの［セルのスタイル］を利用すると、Excelにあらかじめ用意された書式をセルや文字に設定することができます。

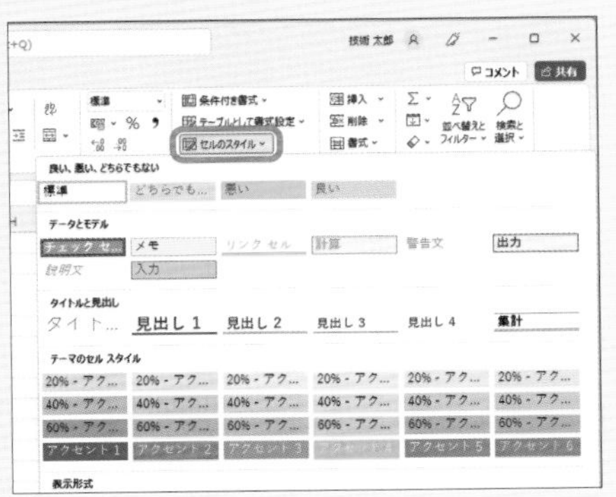

Section
21 文字サイズやフォントを変更しよう

文字サイズやフォントを変更すると、表のタイトルや項目などを目立たせたり、重要な箇所を強調したりすることができます。［ホーム］タブの［フォントサイズ］と［フォント］を利用します。

1 文字サイズを変更しよう

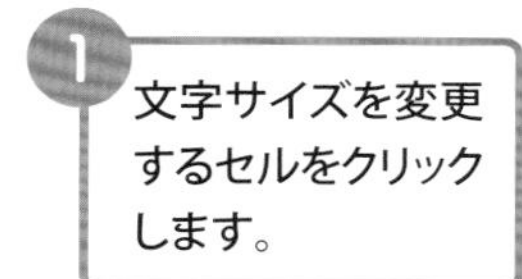
1 文字サイズを変更するセルをクリックします。

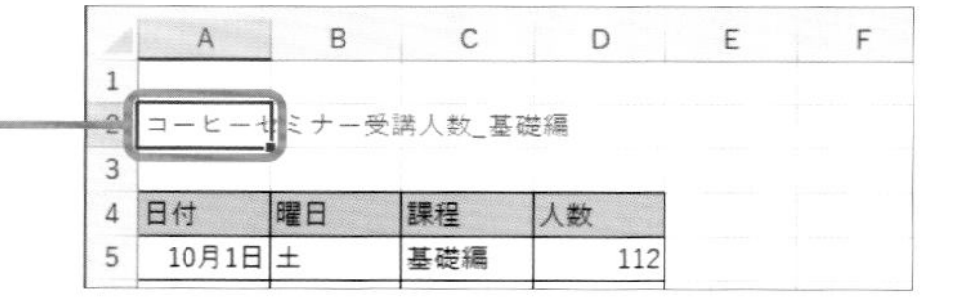

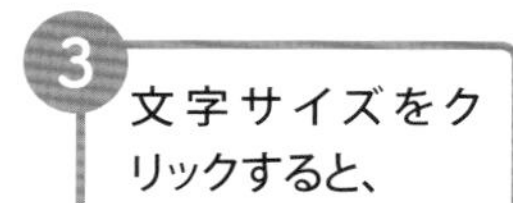
2 ［ホーム］タブの［フォントサイズ］のここをクリックして、

3 文字サイズをクリックすると、

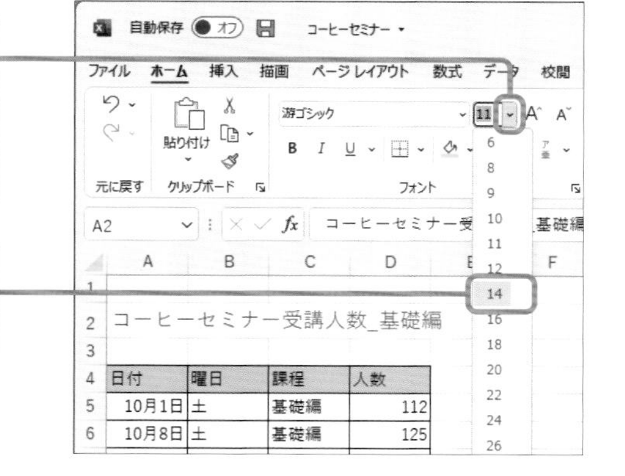

4 文字サイズが変更されます。

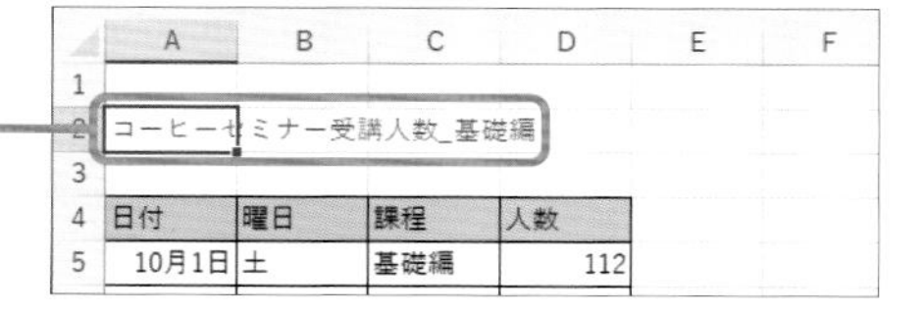

2 フォントを変更しよう

1 フォントを変更するセルをクリックします。

	A	B	C	D	E	F
1						
2	コーヒーセミナー受講人数_基礎編					
3						
4	日付	曜日	課程	人数		
5	10月1日	土	基礎編	112		
6	10月8日	土	基礎編	125		
7	10月15日	土	基礎編	132		

2 ［ホーム］タブの［フォント］のここをクリックして、

3 フォントをクリックすると、

自動保存 オフ コーヒーセミナー

ファイル ホーム 挿入 描画 ページレイアウト 数式 データ 校閲 表示

元に戻す 貼り付け クリップボード

游ゴシック 14

A2

HGSゴシックE
HGSゴシックM
HGS教科書体
HGS行書体
HGS創英プレゼンスEB
HGS創英角ゴシックUB
HGS創英角ポップ体
HGS明朝B
HGS明朝E
HGゴシックE
HGゴシックM

4 フォントが変更されます。

	A	B	C	D	E	F
1						
2	コーヒーセミナー受講人数_基礎編					
3						
4	日付	曜日	課程	人数		
5	10月1日	土	基礎編	112		
6	10月8日	土	基礎編	125		
7	10月15日	土	基礎編	132		

Memo

初期設定のフォントと文字サイズ

Excel の既定の文字サイズは「11」ポイント、日本語フォントは「游ゴシック」です。

Section 22

文字に太字／斜体／下線を設定しよう

文字を太字や斜体にしたり、下線を付けたりすると、特定の文字を目立たせることができます。文字に太字や斜体、下線を設定するには、［ホーム］タブの［フォント］グループの各コマンドを利用します。

1 文字を太字にしよう

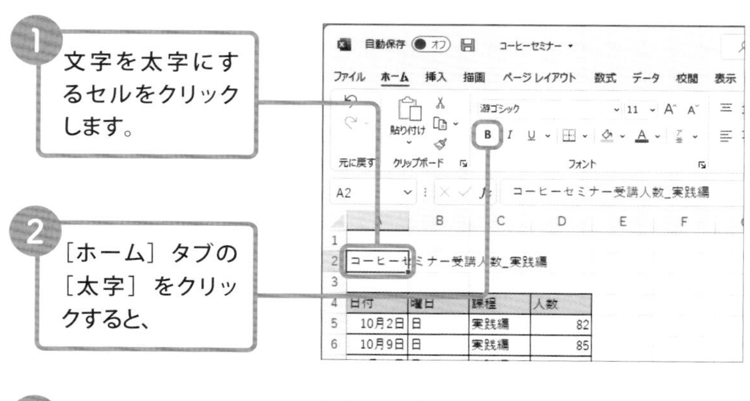

3 文字が太字になります。

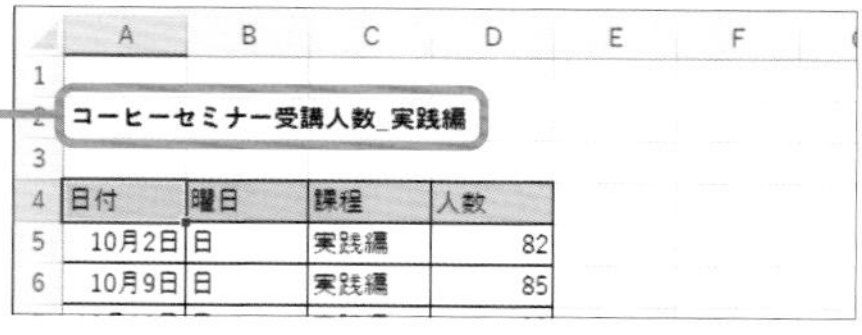

Memo

太字を解除する

太字の設定を解除するには、セルをクリックして、［太字］を再度クリックします。

2 文字を斜体にしよう

1 文字を斜体にするセル範囲を選択します。

	A	B	C	D
1				
2	コーヒーセミナー受講人数_実践編			
3				
4	日付	曜日	課程	人数
5	10月2日	日	実践編	82
6	10月9日	日	実践編	85
7	10月16日	日	実践編	92
8	10月23日	日	実践編	96

2 ［ホーム］タブの［斜体］をクリックすると、

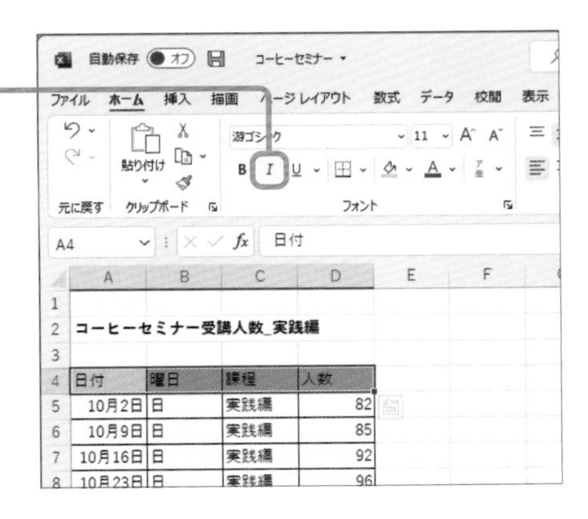

3 文字が斜体になります。

	A	B	C	D
1				
2	コーヒーセミナー受講人数_実践編			
3				
4	*日付*	*曜日*	*課程*	*人数*
5	10月2日	日	実践編	82
6	10月9日	日	実践編	85
7	10月16日	日	実践編	92
8	10月23日	日	実践編	96

Memo

斜体を解除する

斜体の設定を解除するには、セルをクリックして、［斜体］を再度クリックします。

3 文字に下線を付けよう

1 文字に下線を付けるセルをクリックします。

2 ［ホーム］タブの［下線］をクリックすると、

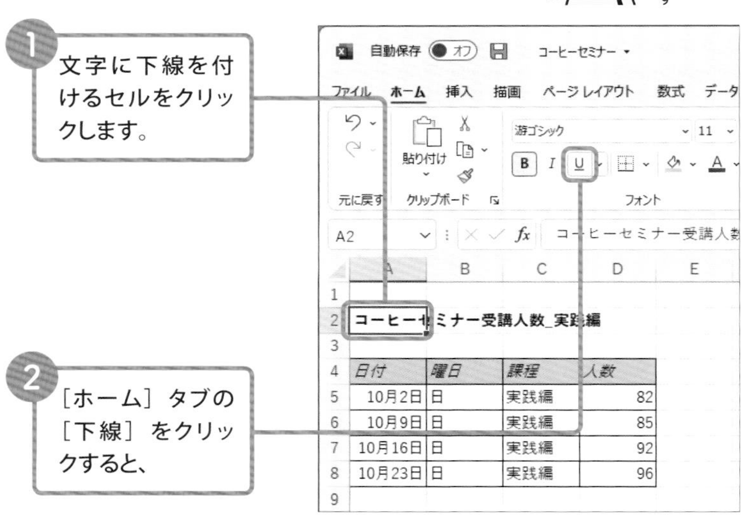

3 文字に下線が付きます。

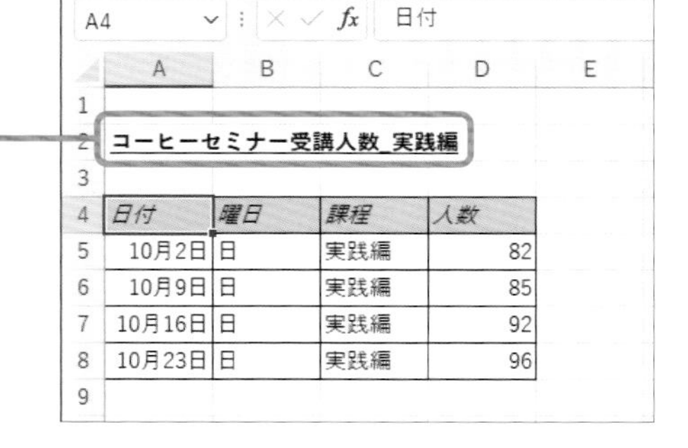

Memo 下線を解除する

下線の設定を解除するには、セルをクリックして、［下線］を再度クリックします。

Stepup

文字飾りを設定する

［セルの書式設定］ダイアログボックスの［フォント］を利用すると、取り消し線や上付き、下付きなど、リボンにないコマンドを利用することができます。

1 ［ホーム］タブの［フォント］グループのここをクリックすると、

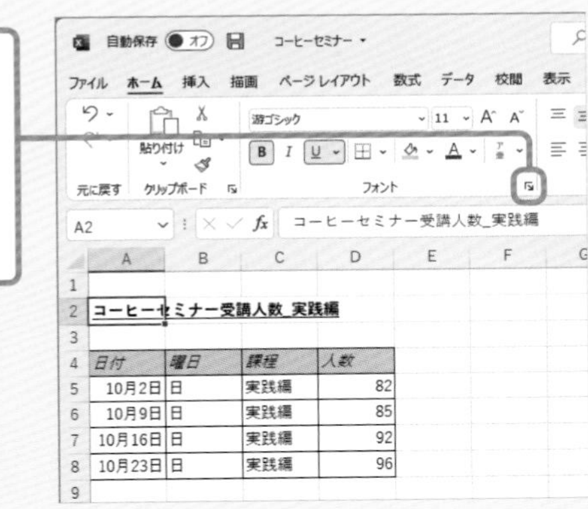

2 ［セルの書式設定］ダイアログボックスの［フォント］が表示されます。

3 ［文字飾り］では、取り消し線や上付き、下付きなどを設定できます。

Section 23

文字の配置を変更しよう

セル内の文字の配置は任意に変更することができます。文字がセル内に収まりきらない場合は、文字を折り返したり、セル幅に合わせて縮小したりできます。また、文字を縦書き表示にすることもできます。

1 文字をセルの中央に揃えよう

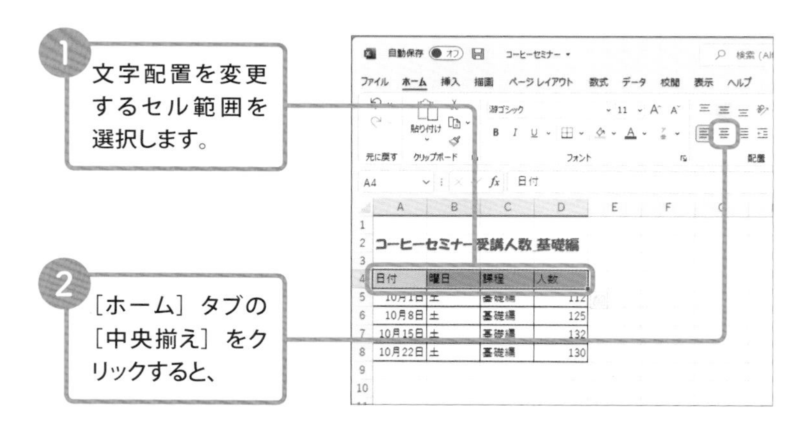

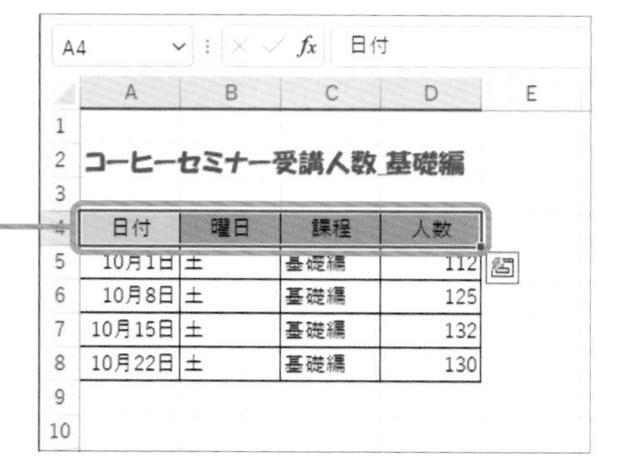

3 文字がセルの中央に配置されます。

2 セルに合わせて文字を折り返そう

1 文字配置を変更するセルを選択します。

2 ［ホーム］タブの［折り返して全体を表示する］をクリックすると、

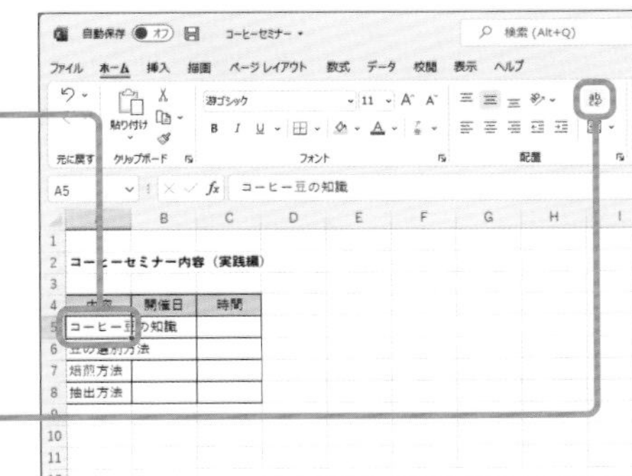

3 文字が折り返され、文字全体が表示されます。

4 行の高さは自動的に調整されます。

	A	B	C	D	E
1					
2	コーヒーセミナー内容（実践編）				
3					
4	内容	開催日	時間		
5	コーヒー 豆の知識				
6	豆の選別方法				
7	焙煎方法				
8	抽出方法				
9					

Memo 折り返した文字をもとに戻す

折り返した文字をもとに戻すには、［折り返して全体を表示する］を再度クリックします。

3 文字を縮小して全体を表示しよう

1 文字の大きさを調整するセルをクリックして、

2 ［ホーム］タブの［配置］グループのここをクリックします。

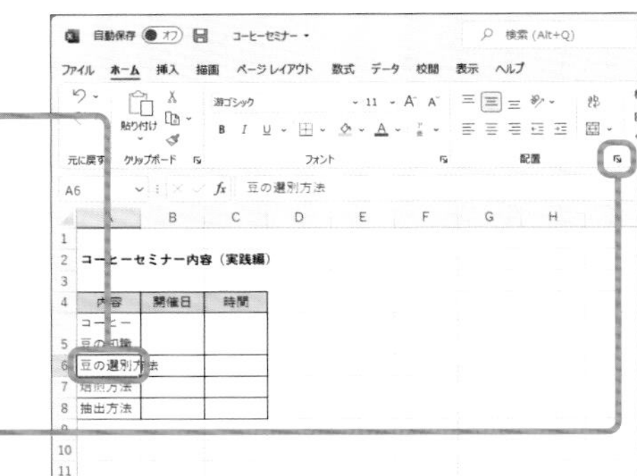

3 ［縮小して全体を表示する］をクリックしてオンにし、

4 ［OK］をクリックすると、

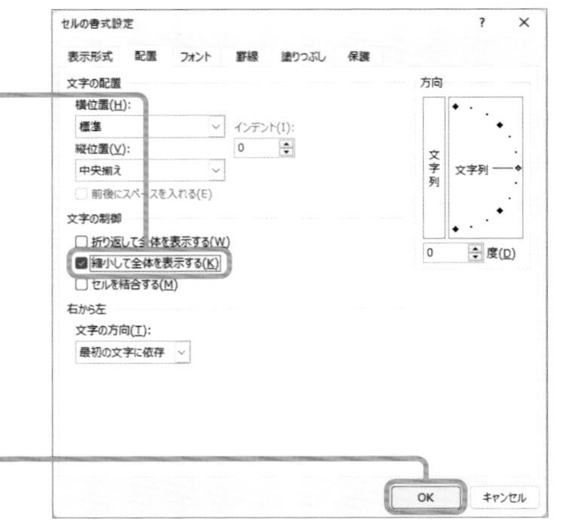

5 セルの幅に合わせて文字のサイズが自動的に縮小されます。

2	コーヒーセミナー内容（実践編）		
3			
4	内容	開催日	時間
5	コーヒー豆の知識		
6	豆の選別方法		
7	焙煎方法		
8	抽出方法		

4 文字を縦書きで表示しよう

1 文字を縦書きにするセル範囲を選択します。

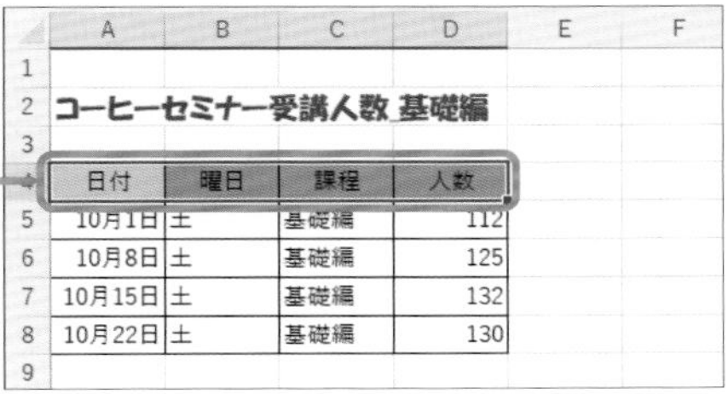

	A	B	C	D
1				
2	コーヒーセミナー受講人数 基礎編			
3				
4	日付	曜日	課程	人数
5	10月1日	土	基礎編	112
6	10月8日	土	基礎編	125
7	10月15日	土	基礎編	132
8	10月22日	土	基礎編	130

2 ［ホーム］タブの［方向］をクリックして、

3 ［縦書き］をクリックすると、

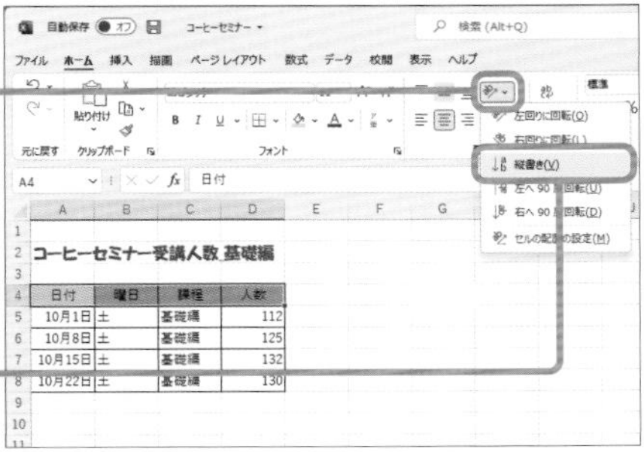

4 文字が縦書き表示になります。

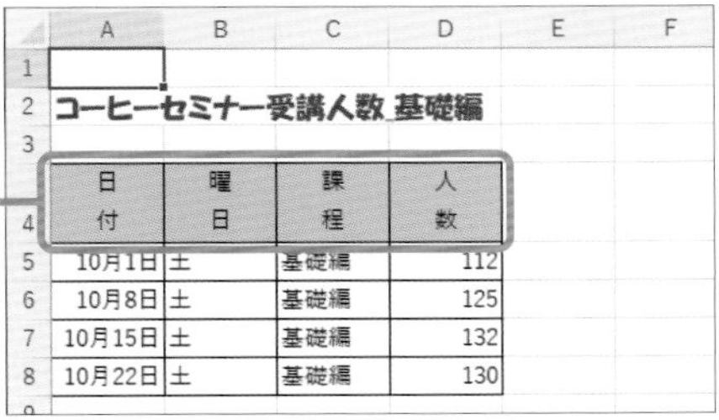

Memo

縦書き表示をもとに戻す

縦書きにした文字をもとに戻すには、［縦書き］を再度クリックします。

Section
24

列の幅や行の高さを調整しよう

数値や文字がセル幅に収まりきらない場合や、表の体裁を整えたい場合は、列の幅や行の高さを調整しましょう。マウスでドラッグするほかに、セルのデータに合わせて自動的に調整することもできます。

1 列の幅を変更しよう

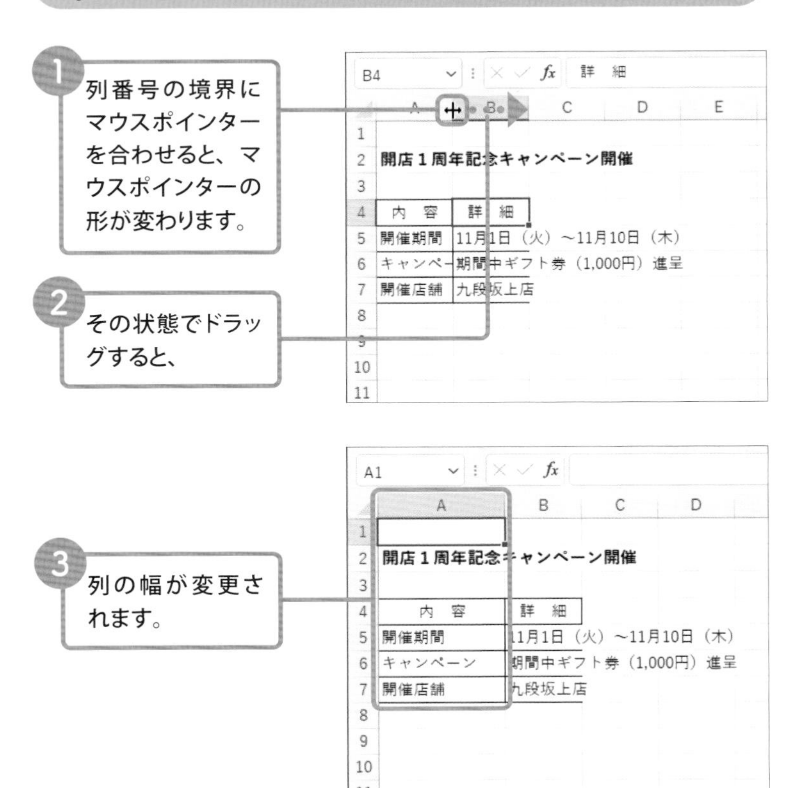

2 セルのデータに合わせて列幅を変更しよう

1 列番号の境界にマウスポインターを合わせると、マウスポインターの形が変わります。

2 その状態でダブルクリックすると、

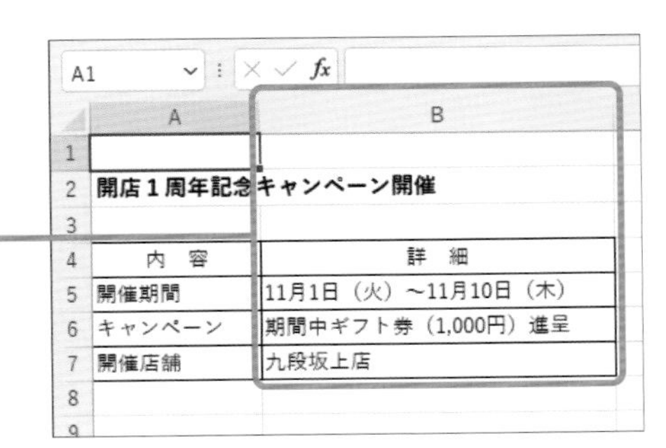

3 セルのデータに合わせて、列の幅が変更されます。

Hint

列の幅の表示単位

変更中の列の幅は、マウスポインターの右上に数値で表示されます。列の幅は、Excelの既定のフォント（11ポイント）で入力できる半角文字の「文字数」で表されます。

幅: 14.00 (117 ピクセル)

3 行の高さを変更しよう

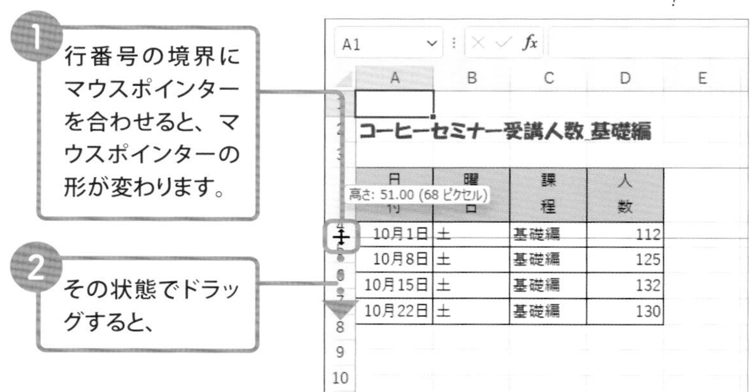

3 行の高さが変更されます。

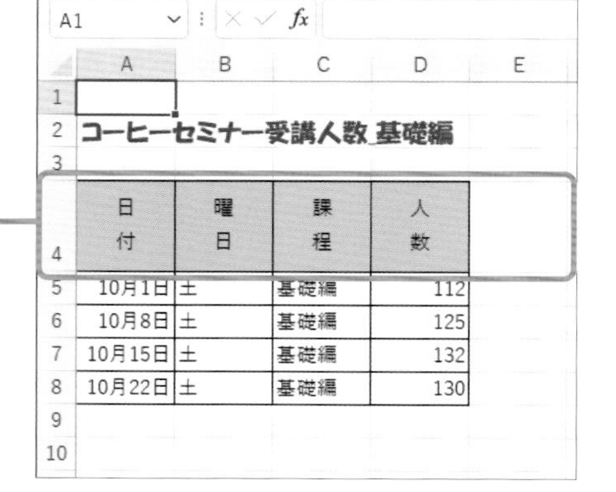

Hint

行の高さの表示単位

変更中の行の高さは、マウスポインターの右上に数値で表示されます。行の高さは、入力できる文字の「ポイント数」で表されます。カッコの中にはピクセル数が表示されます。

列の幅や行の高さを数値で指定する

列の幅や行の高さは、数値で指定して変更することもできます。列の幅は、調整したい列をクリックして、［ホーム］タブの［書式］から［列の幅］をクリックし、［セルの幅］ダイアログボックスで指定します。

行の高さは、調整したい行をクリックして、［ホーム］タブの［書式］から［行の高さ］をクリックし、［セルの高さ］ダイアログボックスで指定します。

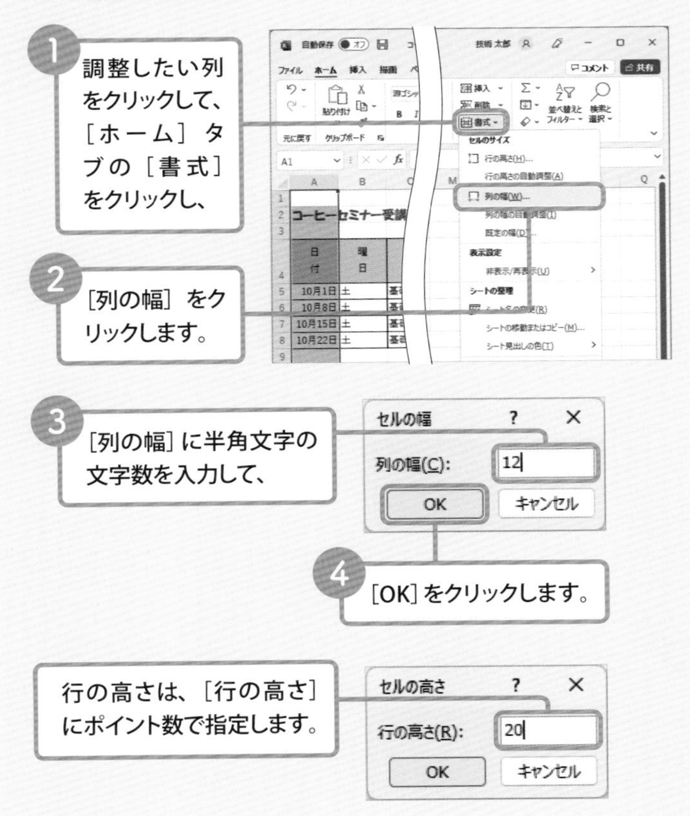

1 調整したい列をクリックして、［ホーム］タブの［書式］をクリックし、
2 ［列の幅］をクリックします。
3 ［列の幅］に半角文字の文字数を入力して、
4 ［OK］をクリックします。
行の高さは、［行の高さ］にポイント数で指定します。
セルの幅
列の幅(C):
12
OK
キャンセル
セルの高さ
行の高さ(R):
20
OK
キャンセル

Section
25 セルの表示形式を変更しよう

セルの表示形式は、セルに入力したデータを目的に合った形式で表示するための機能です。表示形式を桁区切りスタイルやパーセントスタイルなどに設定して、見やすい表を作成することができます。

1 セルの表示形式とは？

Excel では、セルに対して「表示形式」を設定することで、セルに入力したデータをさまざまな見た目で表示させることができます。表示形式には、下図のようなものがあります。

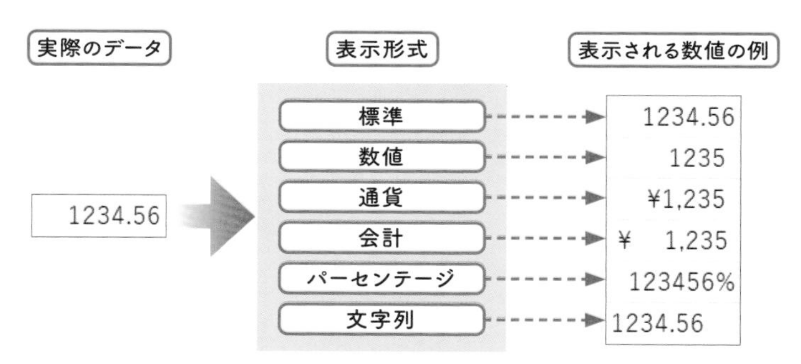

表示形式を設定するには、［ホーム］タブの［数値］グループの各コマンドや、［セルの書式設定］ダイアログボックスの［表示形式］タブを利用します。

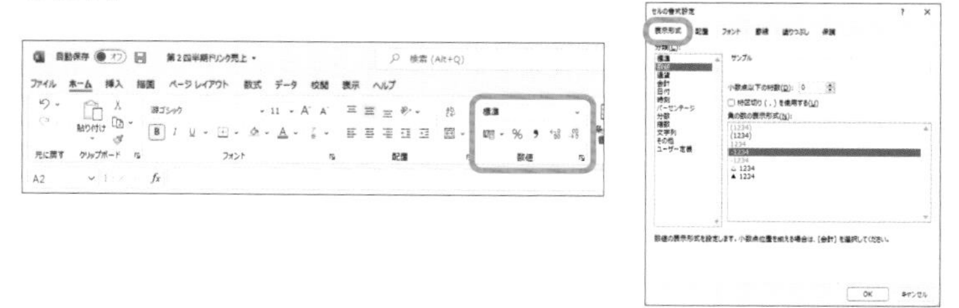

2 数値を桁区切りスタイルに変更しよう

1 表示形式を変更するセル範囲を選択します。

2 ［ホーム］タブの［桁区切りスタイル］をクリックすると、

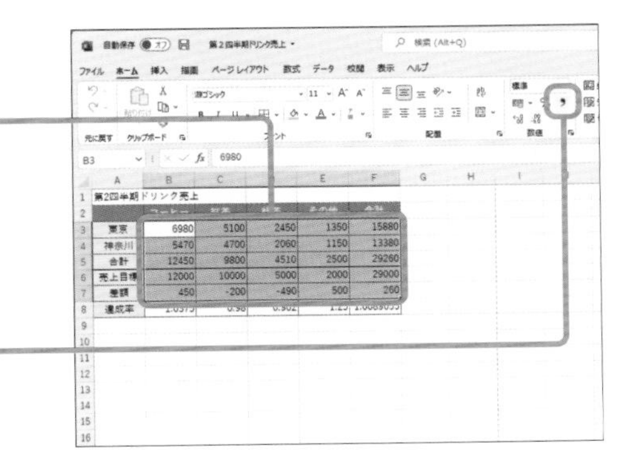

3 数値が3桁ごとに「,」で区切られて表示されます。

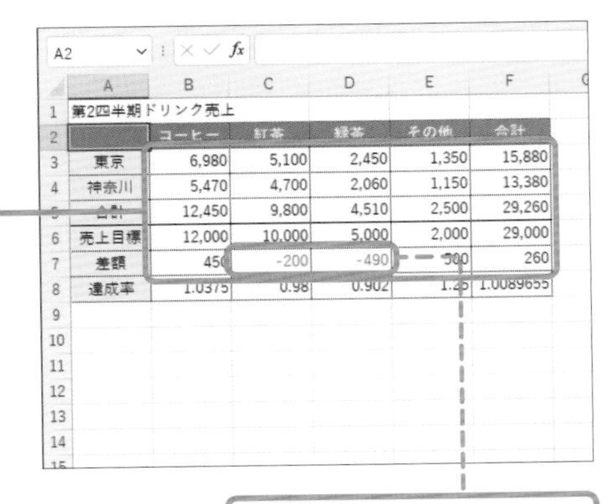

A2
第2四半期ドリンク売上
コーヒー
紅茶
緑茶
その他
合計
東京
神奈川
合計
売上目標
差額
達成率
6,980
5,100
2,450
1,350
15,880
5,470
4,700
2,060
1,150
13,380
12,450
9,800
4,510
2,500
29,260
12,000
10,000
5,000
2,000
29,000
-200
-490
260
1.0375
0.98
0.902
1.0089655

マイナスの数値は赤字で表示されます。

3 数値をパーセントスタイルに変更しよう

1 表示形式を変更するセル範囲を選択します。

2 ［ホーム］タブの［パーセントスタイル］をクリックすると、

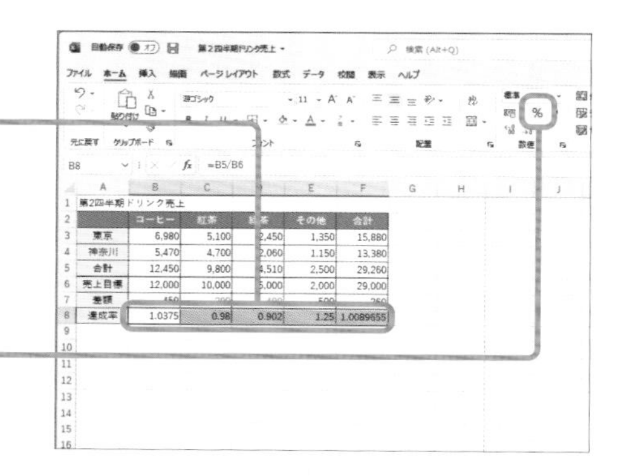

3 選択した範囲がパーセント表示に変更されます。

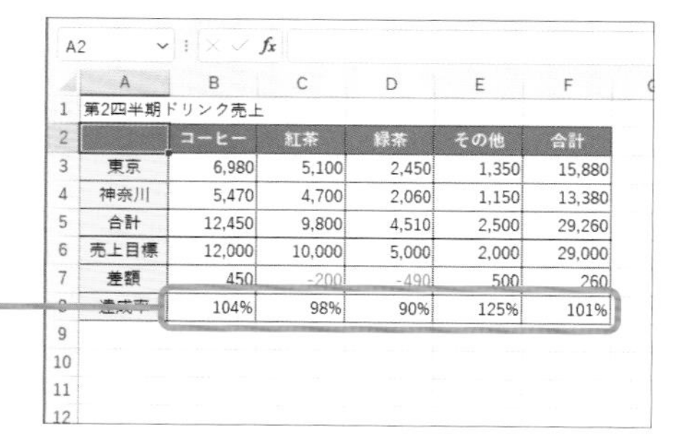

	A	B	C	D	E	F
1	第2四半期ドリンク売上					
2		コーヒー	紅茶	緑茶	その他	合計
3	東京	6,980	5,100	2,450	1,350	15,880
4	神奈川	5,470	4,700	2,060	1,150	13,380
5	合計	12,450	9,800	4,510	2,500	29,260
6	売上目標	12,000	10,000	5,000	2,000	29,000
7	差額	450	-200	-490	500	260
8	達成率	104%	98%	90%	125%	101%

Memo

表示をもとに戻す

設定した表示形式をもとに戻すには、［ホーム］タブの［数値の書式］の ⌄ をクリックして、［標準］をクリックします。

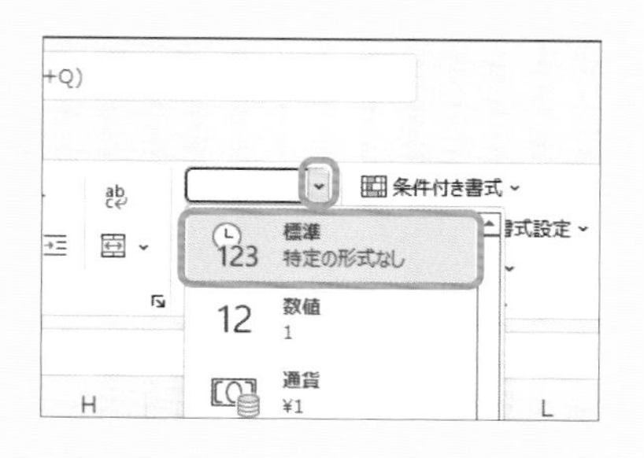

4 小数点以下の表示桁数を変更しよう

1 表示桁数を変更するセル範囲を選択します。

2 [ホーム]タブの[小数点以下の表示桁数を増やす]をクリックすると、

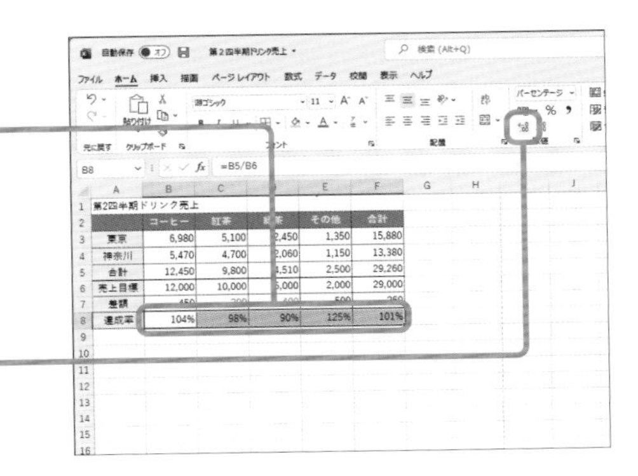

3 小数点以下の表示桁数が1つ増えます。

A2

	A	B	C	D	E	F
1	第2四半期ドリンク売上					
2		コーヒー	紅茶	緑茶	その他	合計
3	東京	6,980	5,100	2,450	1,350	15,880
4	神奈川	5,470	4,700	2,060	1,150	13,380
5	合計	12,450	9,800	4,510	2,500	29,260
6	売上目標	12,000	10,000	5,000	2,000	29,000
7	差額	450	-200	-490	500	260
8	達成率	103.8%	98.0%	90.2%	125.0%	100.9%
9						
10						
11						
12						

Hint

小数点以下の表示桁数を減らす

小数点以下の表示桁数を減らす場合は、[小数点以下の表示桁数を減らす] をクリックします。

Section
26 貼り付け方の形式を知ろう

計算結果の値だけを貼り付けたい、もとの列幅を保ったまま貼り付けたい、ということはよくあります。このような場合は、［貼り付け］や貼り付けたあとに表示される［貼り付けのオプション］のメニューを利用します。

1 貼り付けのオプション機能を知ろう

［ホーム］タブの［貼り付け］の下部をクリックして表示されるメニューや、［コピー］や［貼り付け］を実行したあと、その結果の右下に表示される［貼り付けのオプション］のメニューを利用すると、コピーしたデータをさまざまな形式で貼り付けることができます。

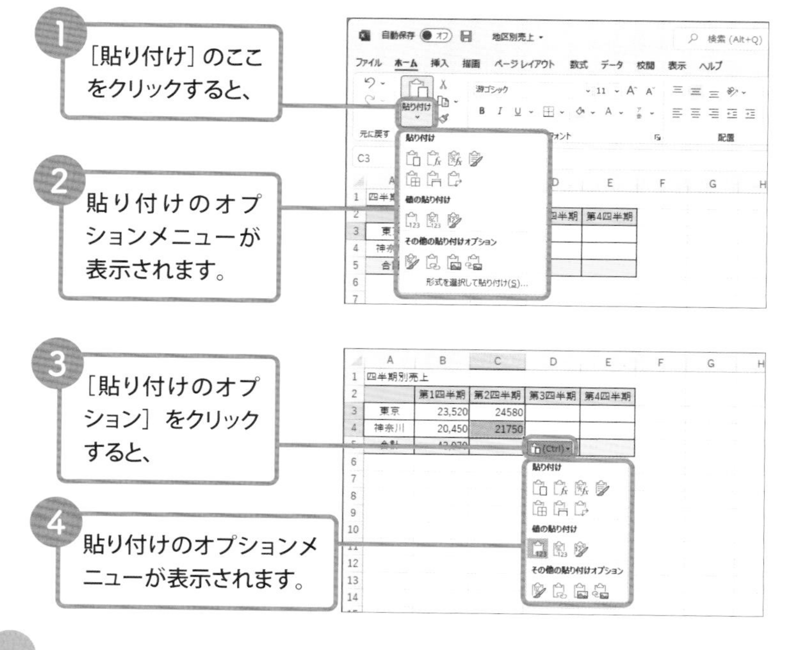

2 計算結果の値のみを貼り付けよう

1 数式の入ったセル範囲を選択して、

E3 =SUM(B3:D3)

	A	B	C	D	E
1	第2四半期地区別売上				
2		7月	8月	9月	合計
3	東京	8,710	7,260	8,61	24,580
4	神奈川	7,270	6,790	7,69	21,750
5	合計	15,980	14,050	16,300	46,330

2 ［ホーム］タブの［コピー］をクリックし、

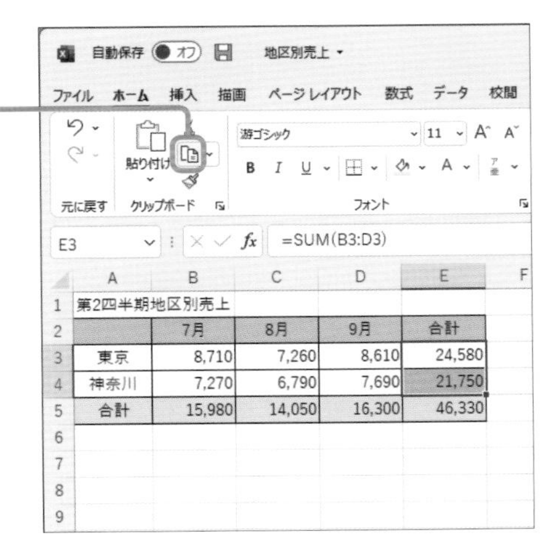

3 別シートの貼り付け先のセルをクリックします。

C3

	A	B	C	D	E
1	四半期別売上				
2		第1四半期	第2四半期	第3四半期	第4四半期
3	東京	23,52			
4	神奈川	20,450			
5	合計	43,970			

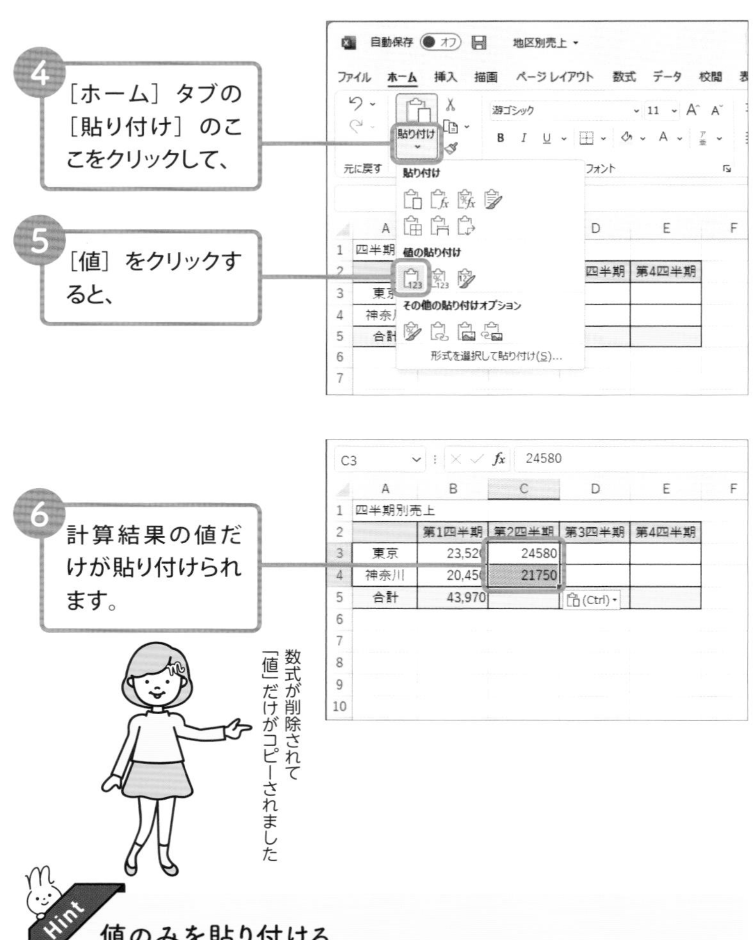

Hint 値のみを貼り付ける

セル参照（116 ページ参照）を利用している数式の計算結果を別のシートに貼り付けると、正しい結果が表示されません。これは、セル参照が貼り付け先のシートのセルに変更されて、正しい計算が行えないためです。このような場合は、値だけを貼り付けると計算結果だけを利用できます。

③ もとの列幅を保ったまま貼り付けよう

1 セル範囲を選択して、

2 ［ホーム］タブの［コピー］をクリックします。

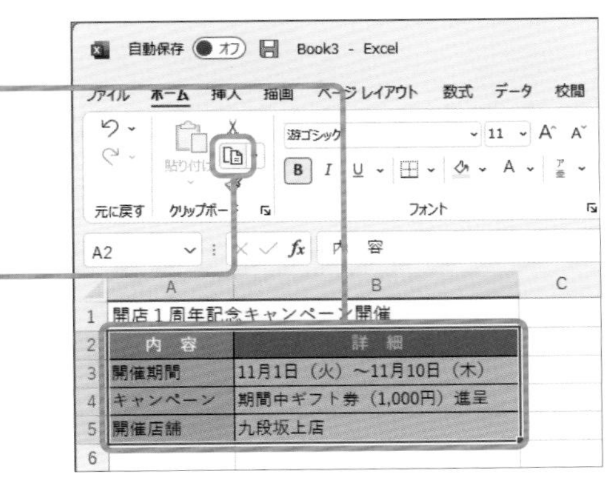

3 別シートの貼り付け先のセル［A2］をクリックします。

4 ［ホーム］タブの［貼り付け］のここをクリックして、

5 ［元の列幅を保持］をクリックすると、

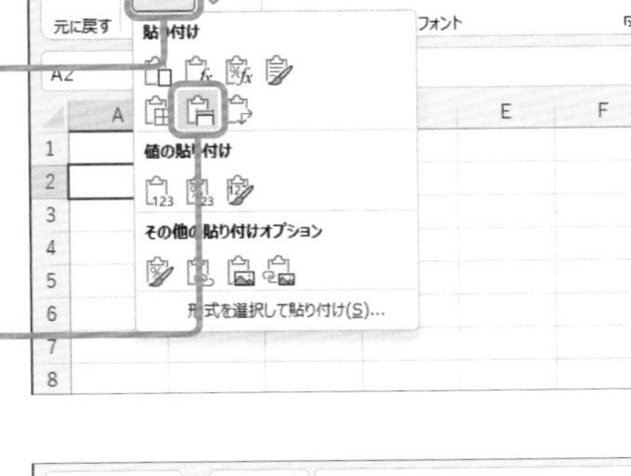

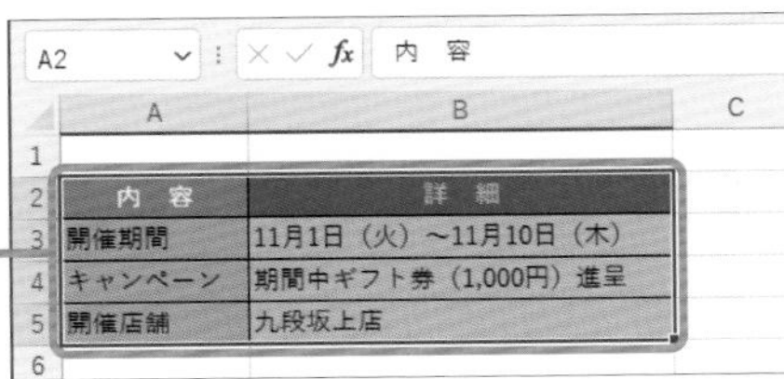

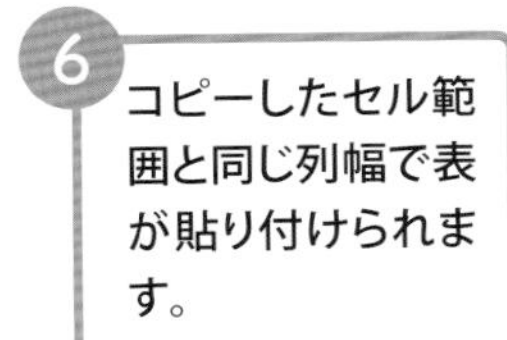

6 コピーしたセル範囲と同じ列幅で表が貼り付けられます。

Section

27 条件に基づいて書式を設定しよう

条件付き書式とは、条件に基づいてセルを強調表示したり、データを相対的に評価して視覚化したりする機能のことです。特定のセルを目立たせたり、値の大小に応じてデータバーを表示したりすることができます。

1 特定の値より大きい数値に色を付けよう

1 条件付き書式を設定するセル範囲を選択します。

2 ［ホーム］タブの［条件付き書式］をクリックして、

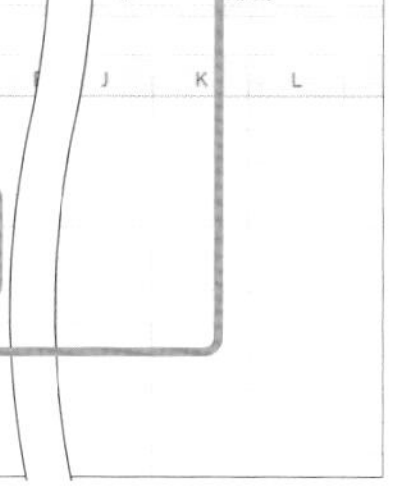

3 ［セルの強調表示ルール］にマウスポインターを合わせ、

4 ［指定の値より大きい］をクリックします。

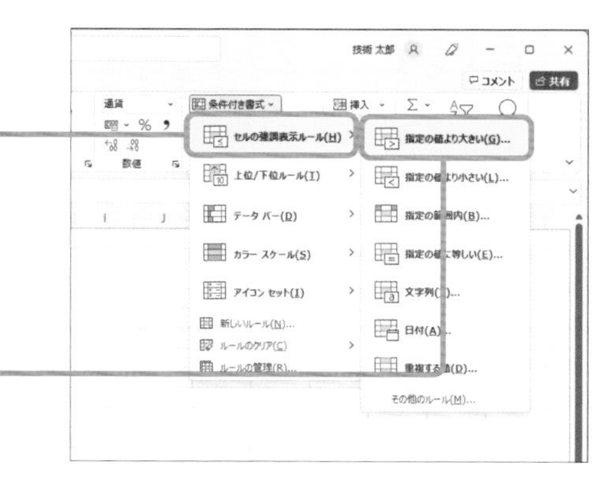

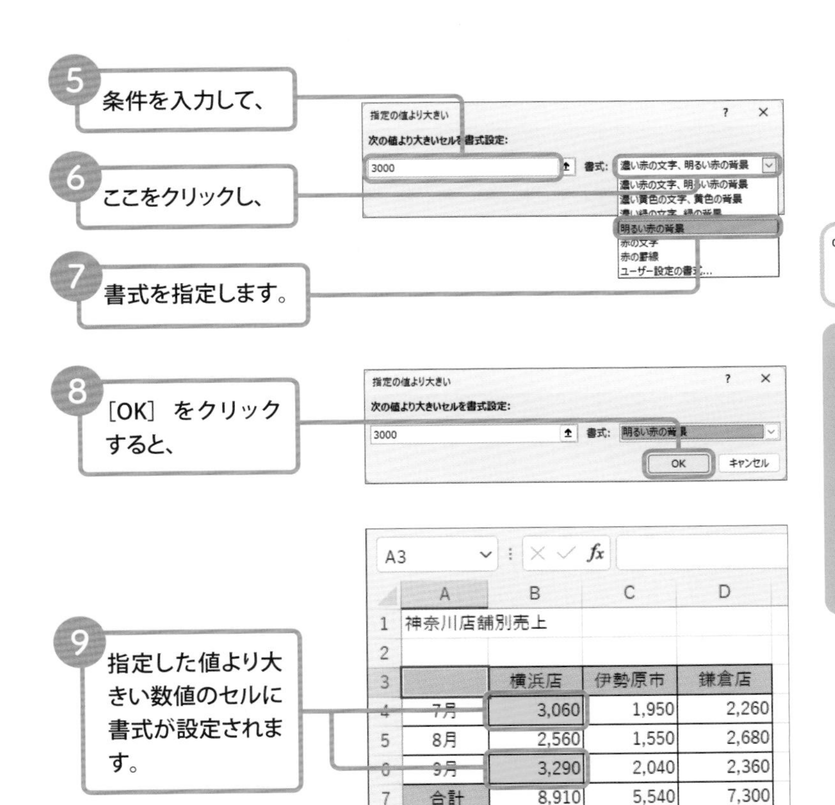

	A	B	C	D
1	神奈川店舗別売上			
2				
3		横浜店	伊勢原市	鎌倉店
4	7月	3,060	1,950	2,260
5	8月	2,560	1,550	2,680
6	9月	3,290	2,040	2,360
7	合計	8,910	5,540	7,300
8				
9				

Memo

条件付き書式を解除する

書式を解除したいセル範囲を選択して、[ホーム] タブの [条件付き書式] をクリックし、[ルールのクリア] から [選択したセルからルールをクリア] をクリックします。

2 数値の大小をデータバーで表示しよう

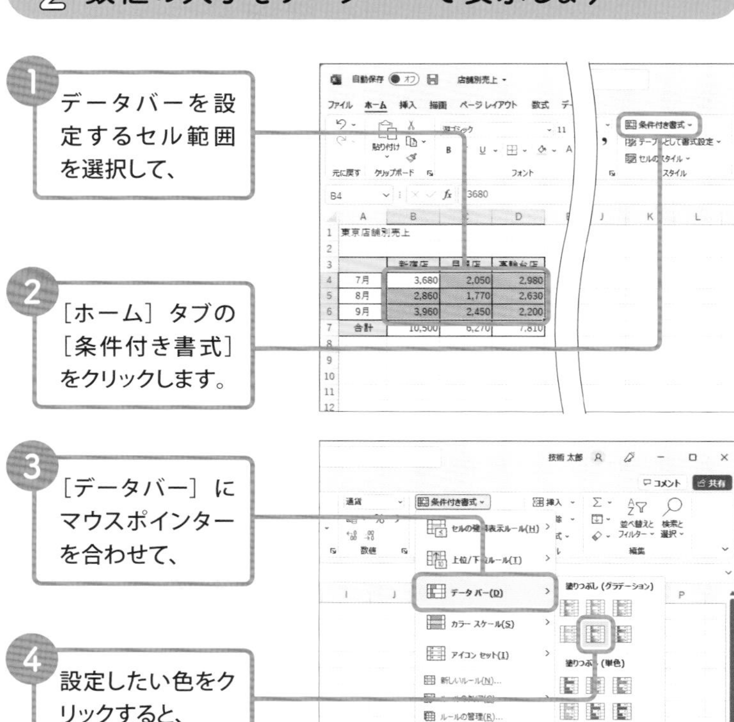

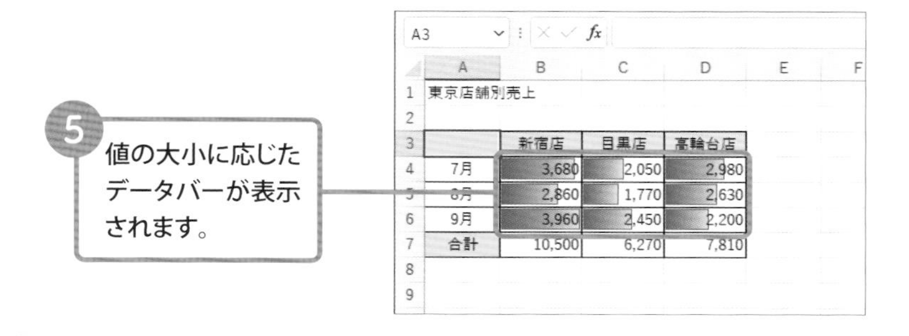

Chapter

数式や関数を使おう

Section

Section 28

数式と関数の仕組みを知ろう

数式は、さまざまな計算をするための計算式のことです。また、関数は、特定の計算を自動的に行うためにExcelにあらかじめ用意されている機能のことです。最初に、数式と関数の仕組みを確認しましょう。

1 数式とは?

数値を入力して計算する

数式では、計算結果を表示したいセルに「=」(等号)を入力し、*、/、+、ーなどの算術演算子と数値を入力して計算を行います。「=」や数値、算術演算子は、すべて半角で入力します。

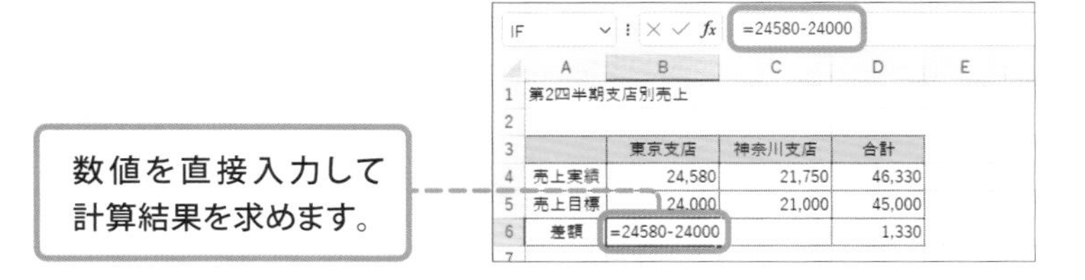

セル参照を使って計算する

数式の中で、数値のかわりにセルを指定することを「セル参照」といいます。セル参照を利用すると、セルに入力された数値を使って計算が行われます。セルの数値を修正すると、計算結果が自動的に更新されます。

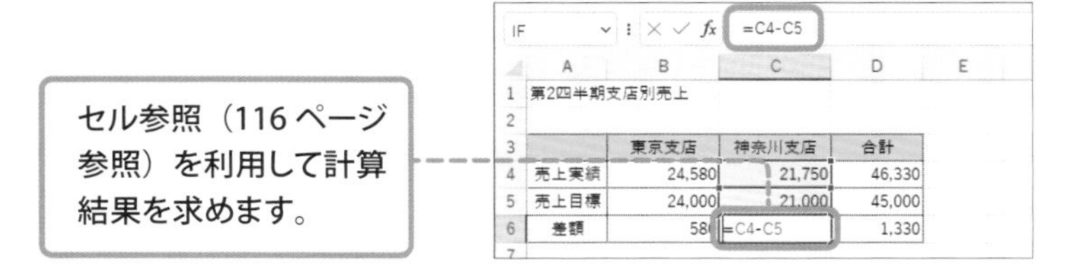

2 関数とは?

関数では、計算に必要な「引数」(ひきすう)を指定するだけで、計算結果をかんたんに求めることができます。引数の種類や指定方法は、関数によって異なります。関数を使った計算によって得られる値のことを「戻り値」(もどりち)と呼びます。

関数の書式

関数は、先頭に「=」(等号)を付けて関数名を入力し、その後ろに引数をカッコ「( )」で囲んで指定します。引数に連続する範囲を指定する場合は、開始セルと終了セルを「:」(コロン)で区切ります。関数名や記号はすべて半角で入力します。

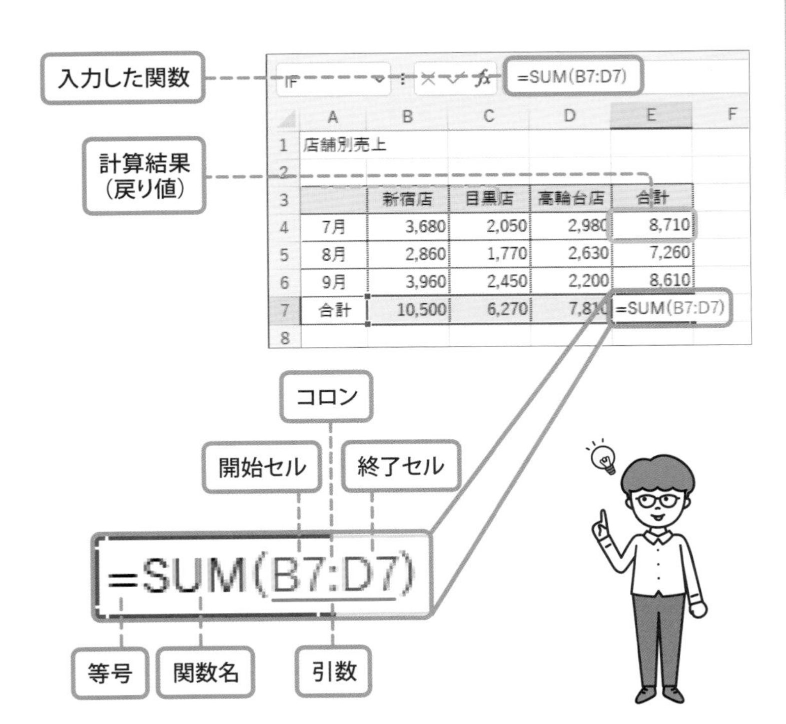

Section

29 数式を入力しよう

数値を使って計算するには、計算結果を表示するセルに数式を入力します。数式を入力する方法はいくつかありますが、ここでは、セル内に直接、数値や算術演算子を入力して計算する方法を紹介します。

1 数式を入力して計算しよう

1 数式を入力するセルをクリックして、半角で「=」を入力し、

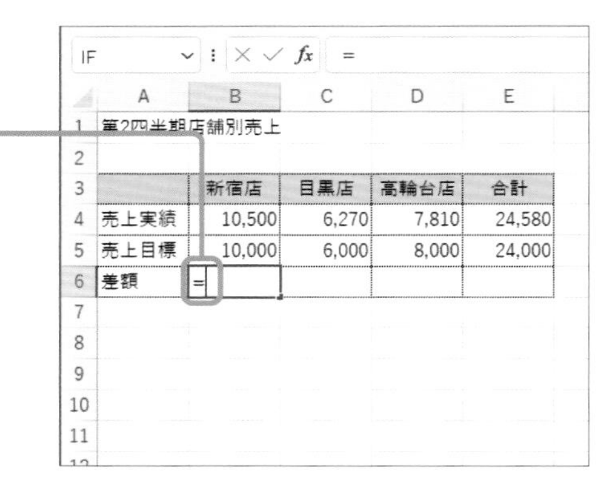

2 「10500」と入力します。

IF =10500

	A	B	C	D	E
1	第2四半期店舗別売上				
2					
3		新宿店	目黒店	高輪台店	合計
4	売上実績	10,500	6,270	7,810	24,580
5	売上目標	10,000	6,000	8,000	24,000
6	差額	=10500			

3 半角で「-」（マイナス）を入力して、

IF　=10500-

	A	B	C	D	E
1	第2四半期店舗別売上				
2					
3		新宿店	目黒店	高輪台店	合計
4	売上実績	10,500	6,270	7,810	24,580
5	売上目標	10,000	6,000	8,000	24,000
6	差額	=10500-			

4 「10000」と入力します。

5 Enter を押すと、

IF　=10500-10000

	A	B	C	D	E
1	第2四半期店舗別売上				
2					
3		新宿店	目黒店	高輪台店	合計
4	売上実績	10,500	6,270	7,810	24,580
5	売上目標	10,000	6,000	8,000	24,000
6	差額	=10500-10000			

6 計算結果が表示されます。

B7

	A	B	C	D	E
1	第2四半期店舗別売上				
2					
3		新宿店	目黒店	高輪台店	合計
4	売上実績	10,500	6,270	7,810	24,580
5	売上目標	10,000	6,000	8,000	24,000
6	差額	500			

かんたんに計算ができます

Section

30 セルを使って計算しよう

数式は、セル内に直接数値を入力するかわりに、セルの位置を指定して計算することができます。これを「セル参照」といいます。セル参照を利用すると、参照先のセルの数値を修正すると、計算結果も自動的に更新されます。

1 セル参照を利用して計算しよう

1 計算結果を表示するセルをクリックして、半角で「=」を入力します。

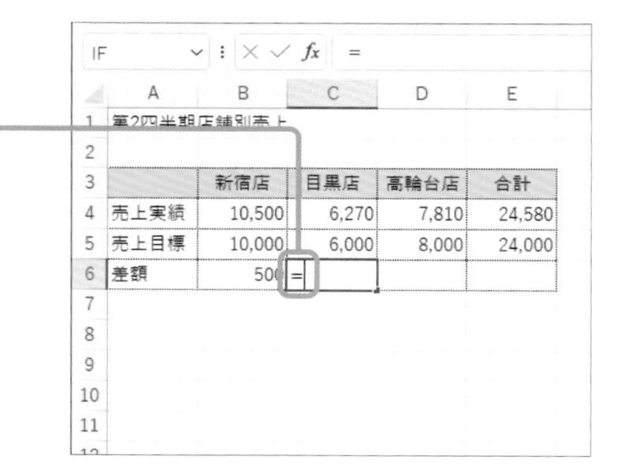

IF =

	A	B	C	D	E
1	第2四半期店舗別売上				
2					
3		新宿店	目黒店	高輪台店	合計
4	売上実績	10,500	6,270	7,810	24,580
5	売上目標	10,000	6,000	8,000	24,000
6	差額	500	=		
7					
8					
9					
10					
11					

2 参照するセルをクリックすると、

3 クリックしたセルの位置［C4］が入力されます。

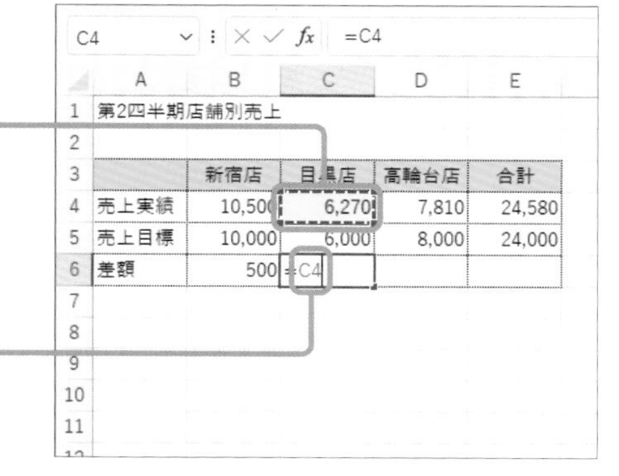

C4 =C4

	A	B	C	D	E
1	第2四半期店舗別売上				
2					
3		新宿店	目黒店	高輪台店	合計
4	売上実績	10,500	6,270	7,810	24,580
5	売上目標	10,000	6,000	8,000	24,000
6	差額	500	=C4		
7					
8					
9					
10					
11					

4 「-」（マイナス）を入力して、

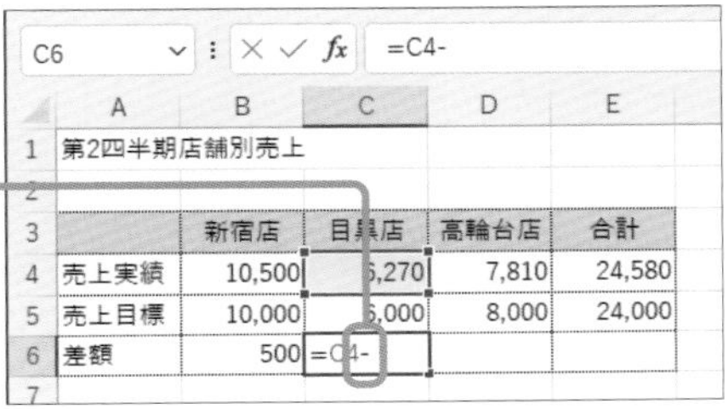

	A	B	C	D	E
1	第2四半期店舗別売上				
2					
3		新宿店	目黒店	高輪台店	合計
4	売上実績	10,500	6,270	7,810	24,580
5	売上目標	10,000	6,000	8,000	24,000
6	差額	500	=C4-		

5 参照するセルをクリックすると、

6 クリックしたセルの位置［C5］が入力されます。

7 Enter を押すと、

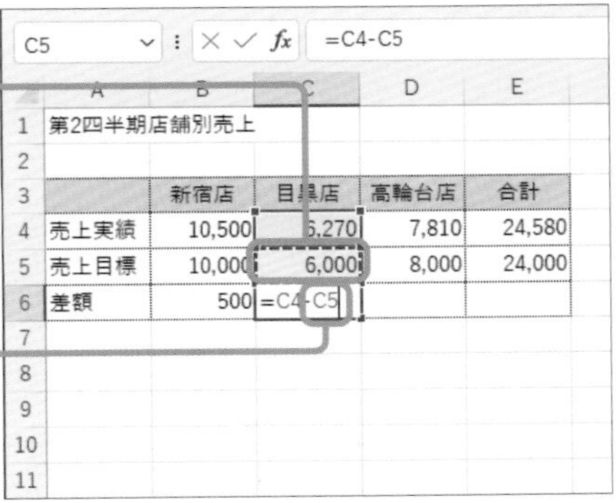

	A	B	C	D	E
1	第2四半期店舗別売上				
2					
3		新宿店	目黒店	高輪台店	合計
4	売上実績	10,500	6,270	7,810	24,580
5	売上目標	10,000	6,000	8,000	24,000
6	差額	500	=C4-C5		

8 計算結果が表示されます。

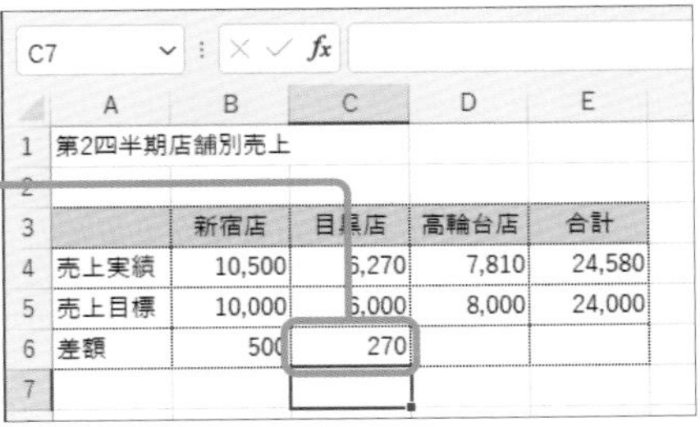

	A	B	C	D	E
1	第2四半期店舗別売上				
2					
3		新宿店	目黒店	高輪台店	合計
4	売上実績	10,500	6,270	7,810	24,580
5	売上目標	10,000	6,000	8,000	24,000
6	差額	500	270		

Hint

数式の入力を取り消すには?

数式の入力を途中で取り消したい場合は、Esc を押します。また、数式を削除するには、数式が入力されているセルをクリックして、Delete を押します。

Section
31 数式をコピーしよう

行や列で同じ数式を利用するときは、数式をコピーすると効率的です。セル参照を利用した数式をコピーすると、コピー先のセル位置に合わせて参照するセルが自動的に変更されます。

1 ほかのセルに数式をコピーしよう

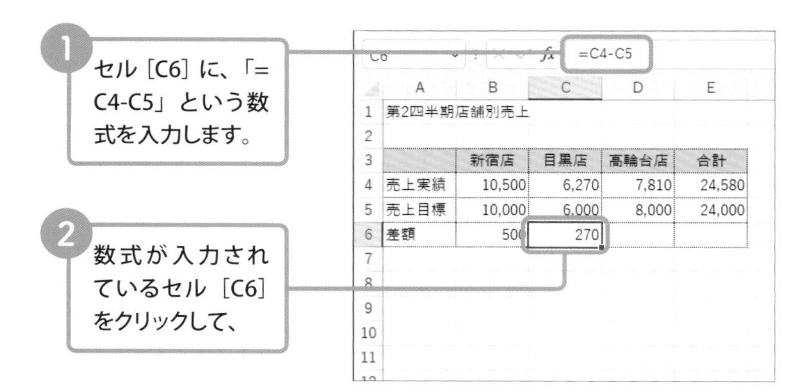

3
フィルハンドルをセル［E6］までドラッグすると、

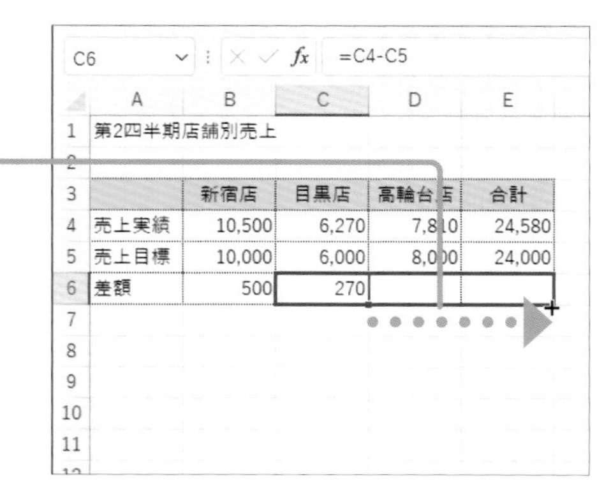

4 数式がコピーされます。

	A	B	C	D	E
1	第2四半期店舗別売上				
2					
3		新宿店	目黒店	高輪台店	合計
4	売上実績	10,500	6,270	7,810	24,580
5	売上目標	10,000	6,000	8,000	24,000
6	差額	500	270	-190	580
7					
8					
9					
10					

5 コピーしたセルをクリックすると、数式の内容を確認できます。

	A	B	C	D	E
1	第2四半期店舗別売上				
2					
3		新宿店	目黒店	高輪台店	合計
4	売上実績	10,500	6,270	7,810	24,580
5	売上目標	10,000	6,000	8,000	24,000
6	差額	500	270	-190	580
7					
8					
9					
10					

計算結果が表示されました！

Memo

セル参照が変化する

数式が入力されているセルをほかのセルにコピーすると、コピーもとのセルとコピー先のセルで相対的な位置関係が保たれるように、セル参照が自動的に変化します。上の手順では、コピーもとの「=C4-C5」という数式が、セル［D6］では「=D4-D5」という数式に変更されています。

Section

32 計算する範囲を変えよう

数式が入力されているセルをダブルクリックすると、数式が参照しているセル範囲に色が付くので、対応関係をひとめで確認できます。数式を修正するときは、この機能を利用すると、かんたんに修正することができます。

1 参照先のセル範囲を変更しよう

1 セル[B8]に「=B3/B6」という数式が入力されています。

2 数式が入力されているセルをダブルクリックすると、

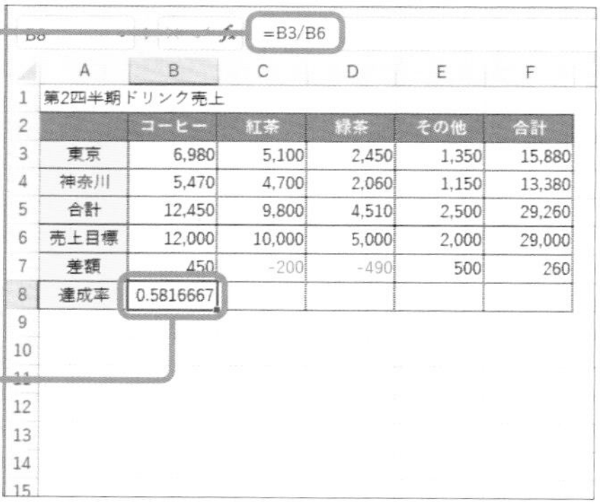

B8　=B3/B6

	A	B	C	D	E	F
1	第2四半期ドリンク売上					
2		コーヒー	紅茶	緑茶	その他	合計
3	東京	6,980	5,100	2,450	1,350	15,880
4	神奈川	5,470	4,700	2,060	1,150	13,380
5	合計	12,450	9,800	4,510	2,500	29,260
6	売上目標	12,000	10,000	5,000	2,000	29,000
7	差額	450	-200	-490	500	260
8	達成率	0.5816667				

3 数式が参照しているセル範囲が色付きの枠で囲まれて表示されます。

IF　=B3/B6

	A	B	C	D	E	F
1	第2四半期ドリンク売上					
2		コーヒー	紅茶	緑茶	その他	合計
3	東京	6,980	5,100	2,450	1,350	15,880
4	神奈川	5,470	4,700	2,060	1,150	13,380
5	合計	12,450	9,800	4,510	2,500	29,260
6	売上目標	12,000	10,000	5,000	2,000	29,000
7	差額	450	-200	-490	500	260
8	達成率	=B3/B6				

4 色付きの枠にマウスポインターを合わせると、マウスポインターの形が変わります。

IF | =B3/B6

	A	B	C	D	E	F
1	第2四半期ドリンク売上					
2		コーヒー	紅茶	緑茶	その他	合計
3	東京	6,980	5,100	2,450	1,350	15,880
4	神奈川	5,470	4,700	2,060	1,150	13,380
5	合計	12,450	9,800	4,510	2,500	29,260
6	売上目標	12,000	10,000	5,000	2,000	29,000
7	差額	450	-200	-490	500	260
8	達成率	=B3/B6				

5 そのままセル[B5]まで枠をドラッグすると、

6 参照するセル範囲が変更されます。

IF | =B5/B6

	A	B	C	D	E	F
1	第2四半期ドリンク売上					
2		コーヒー	紅茶	緑茶	その他	合計
3	東京	6,980	5,100	2,450	1,350	15,880
4	神奈川	5,470	4,700	2,060	1,150	13,380
5	合計	12,450	9,800	4,510	2,500	29,260
6	売上目標	12,000	10,000	5,000	2,000	29,000
7	差額	450	-200	-490	500	260
8	達成率	=B5/B6				

7 Enter を押すと、計算結果が変更されます。

B9

	A	B	C	D	E	F
1	第2四半期ドリンク売上					
2		コーヒー	紅茶	緑茶	その他	合計
3	東京	6,980	5,100	2,450	1,350	15,880
4	神奈川	5,470	4,700	2,060	1,150	13,380
5	合計	12,450	9,800	4,510	2,500	29,260
6	売上目標	12,000	10,000	5,000	2,000	29,000
7	差額	450	-200	-490	500	260
8	達成率	1.0375				

Section
33 セルの参照方式について知ろう

セルの参照方式には、相対参照、絶対参照、複合参照があり、目的に応じて使い分けることができます。ここでは、3 種類の参照方式の違いと、参照方式の切り替え方法を確認しておきましょう。

1 セル参照の種類を知ろう

相対参照

「相対参照」とは、数式が入力されているセルを基点として、ほかのセルの位置を相対的な位置関係で指定する参照方式のことです。

数式「=B3/C3」が入力されています。

数式をコピーすると、参照先が自動的に変更されます。

	A	B	C	D
1	ドリンク売上			
2	ドリンク	売上高	売上目標	達成率
3	コーヒー	12450	12000	=B3/C3
4	紅茶	9800	10000	=B4/C4
5	緑茶	4510	5000	=B5/C5
6	その他	2500	2500	=B6/C6
7				
8				

絶対参照

「絶対参照」とは、参照するセルの位置を固定する参照方式のことです。数式をコピーしても、参照するセルの位置は変更されません。

数式「=B3/$B$7」が入力されています。

数式をコピーすると、「$」が付いた参照先は［B7］のまま固定されます。

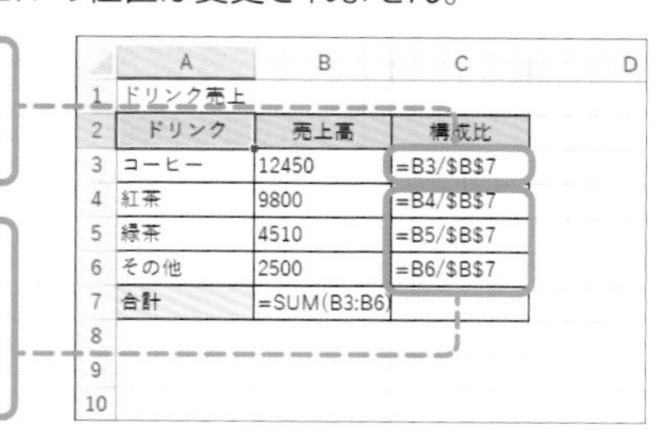

	A	B	C	D
1	ドリンク売上			
2	ドリンク	売上高	構成比	
3	コーヒー	12450	=B3/$B$7	
4	紅茶	9800	=B4/$B$7	
5	緑茶	4510	=B5/$B$7	
6	その他	2500	=B6/$B$7	
7	合計	=SUM(B3:B6)		
8				
9				
10				

複合参照

「複合参照」とは、相対参照と絶対参照を組み合わせた参照方式のことです。「列が相対参照、行が絶対参照」「列が絶対参照、行が相対参照」の2種類があります。

数式「=$B4*C$1」が入力されています。

数式をコピーすると、参照列と参照行だけが固定されます。

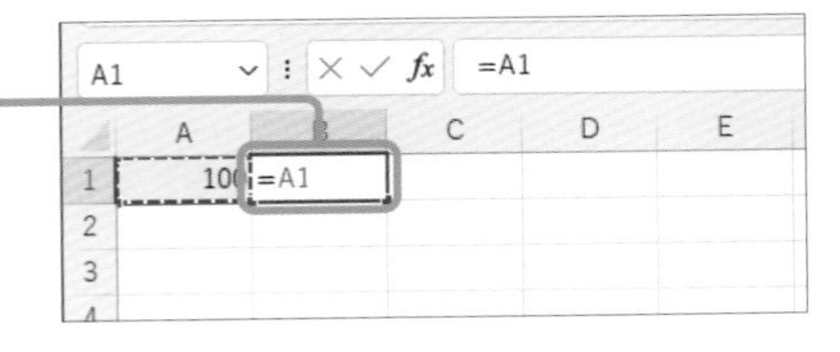

	A	B	C	D
1		原価率	0.75	0.85
2				
3	商品名	売価	原価額	原価額
4	煎茶	1050	=$B4*C$1	=$B4*D$1
5	くき茶	550	=$B5*C$1	=$B5*D$1
6	ほうじ茶	380	=$B6*C$1	=$B6*D$1
7	玄米茶	420	=$B7*C$1	=$B7*D$1
8				
9				

2 参照方式を切り替えよう

1 「=」を入力して、参照先のセル（ここではセル［A1］）をクリックします。

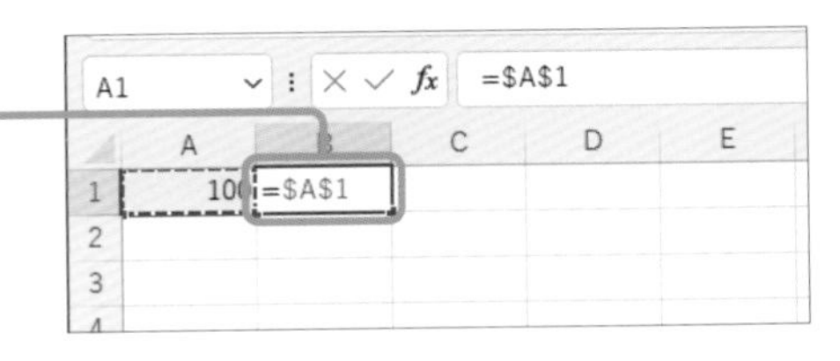

2 F4 を押すと、参照方式が絶対参照に切り替わります。

3 続けて F4 を押すと、「列が相対参照、行が絶対参照」の複合参照に切り替わります。

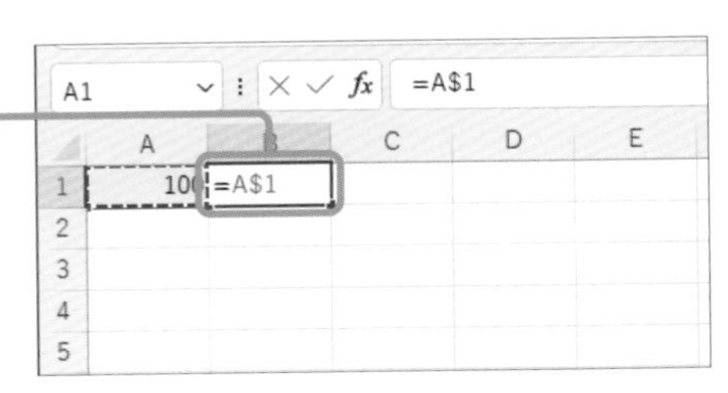

Section 34

コピーしても参照先が変わらないようにしよう

Excel では通常、セル参照で入力した数式をコピーすると、コピー先のセルの位置に合わせて参照先のセルが自動的に変更されます。特定のセルを常に参照させたい場合は、絶対参照を利用します。

1 数式を絶対参照でコピーしよう

1 セル［C5］に数式「B5*C2」を入力します。

2 セル［C5］をダブルクリックします。

C5 =B5*C2

	A	B	C	D
1				
2		原価率	0.75	
3				
4	商品名	売値	原価額	
5	煎茶	1,050	788	
6	くき茶	550		
7	ほうじ茶	380		
8	玄米茶	420		
9				

3 参照を固定したいセル［C2］をクリックして、

4 F4 を押します。

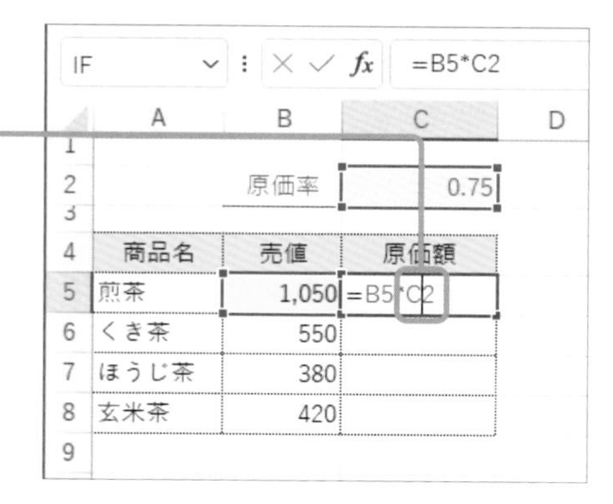

5 セル［C2］が［$C$2］に変わり、絶対参照になります。

IF　=B5*$C$2

	A	B	C	D
1				
2		原価率	0.75	
3				
4	商品名	売値	原価額	
5	煎茶	1,050	=B5*$C$2	
6	くき茶	550		
7	ほうじ茶	380		
8	玄米茶	420		
9				

6 Enter を押して、計算結果を表示します。

C5　=B5*$C$2

	A	B	C	D
1				
2		原価率	0.75	
3				
4	商品名	売値	原価額	
5	煎茶	1,050	788	
6	くき茶	550		
7	ほうじ茶	380		
8	玄米茶	420		
9				

絶対参照になったことが数式バーで確認できます

C5　=B5*$C$2

	A	B	C	D
1				
2		原価率	0.75	
3				
4	商品名	売値	原価額	
5	煎茶	1,050	788	
6	くき茶	550	413	
7	ほうじ茶	380	285	
8	玄米茶	420	315	
9				

7 セル［C5］の数式をセル［C8］までコピーします。

Section 35

コピーしても行／列が変わらないようにしよう

数式をコピーしても行や列が変わらないようにするには、複合参照を利用します。複合参照は、相対参照と絶対参照を組み合わせた参照方式のことです。行のみを固定する場合と、列のみを固定する場合があります。

1 数式を複合参照でコピーしよう

1 「=B5」と入力して F4 を 3 回押すと、列［B］が絶対参照、行［5］が相対参照になります。

B5 =$B5

	A	B	C	D	E
1					
2		原価率	0.75	0.85	
3					
4	商品名	売値	原価額	原価額	
5	煎茶	1,050	=$B5		
6	くき茶	550			
7	ほうじ茶	380			
8	玄米茶	420			
9					
10					
11					

2 「*C2」と入力して F4 を 2 回押すと、列［C］が相対参照、行［2］が絶対参照になります。

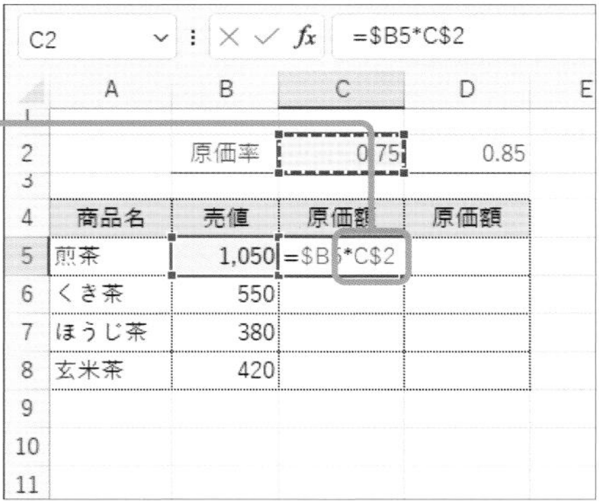

C2 =$B5*C$2

	A	B	C	D	E
1					
2		原価率	0.75	0.85	
3					
4	商品名	売値	原価額	原価額	
5	煎茶	1,050	=$B5*C$2		
6	くき茶	550			
7	ほうじ茶	380			
8	玄米茶	420			
9					
10					
11					

3 Enter を押して、計算結果を求めます。

C5 =$B5*C$2

	A	B	C	D
1				
2		原価率	0.75	0.85
3				
4	商品名	売値	原価額	原価額
5	煎茶	1,050	788	
6	くき茶	550		
7	ほうじ茶	380		
8	玄米茶	420		
9				
10				

4 セル［C5］の数式を、横方向にコピーします。

5 数式を縦方向にコピーします。

C5 =$B5*C$2

	A	B	C	D
1				
2		原価率	0.75	0.85
3				
4	商品名	売値	原価額	原価額
5	煎茶	1,050	788	893
6	くき茶	550	413	468
7	ほうじ茶	380	285	323
8	玄米茶	420	315	357
9				
10				

IF =$B8*D$2

	A	B	C	D
1				
2		原価率	0.75	0.85
3				
4	商品名	売値	原価額	原価額
5	煎茶	1,050	788	893
6	くき茶	550	413	468
7	ほうじ茶	380	285	323
8	玄米茶	420	315	=$B8*D$2
9				
10				

=$B8*D$2

参照先の列［B］だけが固定されています。

参照先の行［2］だけが固定されています。

Section
36 合計を計算しよう

Excel では、行や列の合計を求める作業が頻繁に行われます。合計を求めるときは SUM 関数を使います。SUM 関数は、［ホーム］タブの［オート SUM］からかんたんに入力することができます。

1 データの合計を求めよう

1 合計を表示するセルをクリックして、

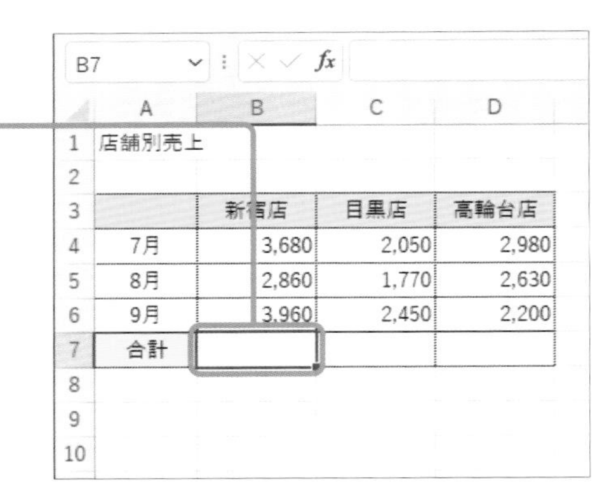

	A	B	C	D
1	店舗別売上			
2				
3		新宿店	目黒店	高輪台店
4	7月	3,680	2,050	2,980
5	8月	2,860	1,770	2,630
6	9月	3,960	2,450	2,200
7	合計			
8				
9				
10				

2 ［ホーム］タブの［オート SUM］をクリックします。

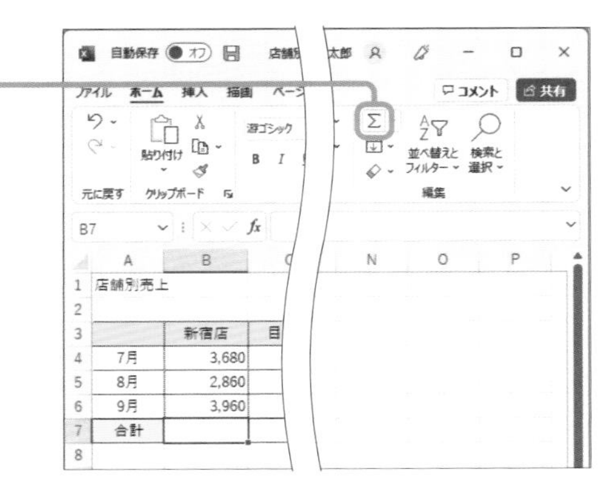

3 計算の対象となる範囲が自動的に選択されるので、

4 間違いがないかを確認して、Enter を押すと、

IF =SUM(B4:B6)

	A	B	C	D
1	店舗別売上			
2				
3		新宿店	目黒店	高輪台店
4	7月	3,680	2,050	2,980
5	8月	2,860	1,770	2,630
6	9月	3,960	2,450	2,200
7	合計	=SUM(B4:B6)		
8		SUM(数値1, [数値2], ...)		
9				
10				
11				

5 セル範囲の合計が求められます。

B8

	A	B	C	D
1	店舗別売上			
2				
3		新宿店	目黒店	高輪台店
4	7月	3,680	2,050	2,980
5	8月	2,860	1,770	2,630
6	9月	3,960	2,450	2,200
7	合計	10,500		
8				
9				
10				
11				

関数を使うと便利です

Memo

SUM 関数

［オート SUM］を利用して合計を求めたセルには、引数に指定された数値やセル範囲の合計を求める「SUM（サム）関数」が入力されています。SUM関数は、［数式］タブの［関数ライブラリ］グループ（132 ページ参照）から入力することもできます。

書式：＝ **SUM（数値 1,〔数値 2〕, …）**

Section

37 平均を計算しよう

Excel では、平均を求める作業も頻繁に行われます。平均を求めるときは、AVERAGE 関数を使います。AVERAGE 関数は、［ホーム］タブの［オートSUM］のメニューから選んで、かんたんに入力することができます。

1 データの平均を求めよう

1 平均を表示するセルをクリックして、

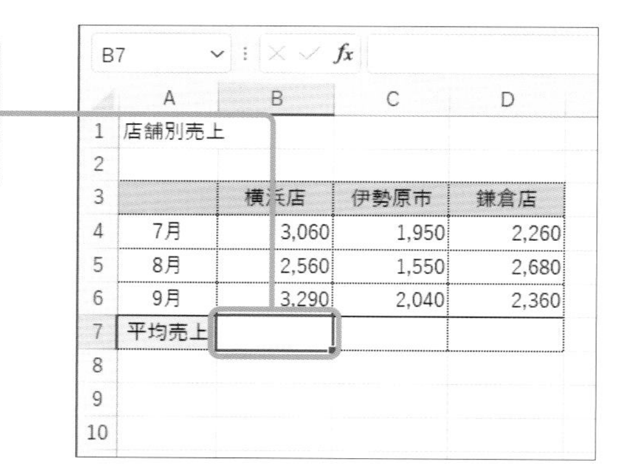

B7
店舗別売上
横浜店
伊勢原市
鎌倉店
7月
3,060
1,950
2,260
8月
2,560
1,550
2,680
9月
3,290
2,040
2,360
平均売上

2 ［ホーム］タブの［オートSUM］のここをクリックし、

3 ［平均］をクリックします。

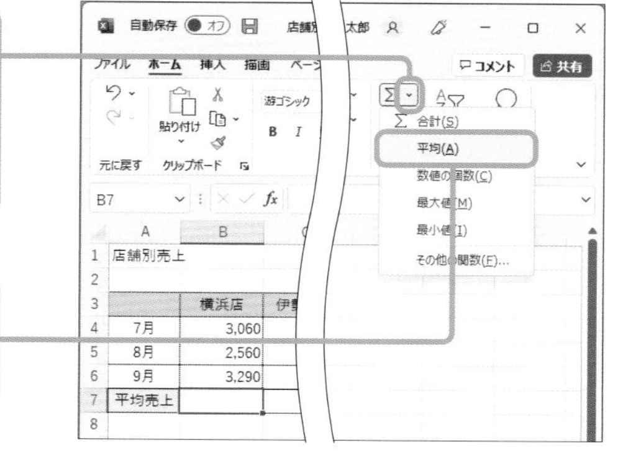

4 計算の対象となる範囲が自動的に選択されるので、

	A	B	C	D
1	店舗別売上			
2				
3		横浜店	伊勢原市	鎌倉店
4	7月	3,060	1,950	2,260
5	8月	2,560	1,550	2,680
6	9月	3,290	2,040	2,360
7	平均売上	=AVERAGE(B4:B6)		

IF　=AVERAGE(B4:B6)

AVERAGE(数値1, [数値2], ...)

5 間違いがないかを確認して、Enterを押すと、

6 セル範囲の平均が求められます。

	A	B	C	D
1	店舗別売上			
2				
3		横浜店	伊勢原市	鎌倉店
4	7月	3,060	1,950	2,260
5	8月	2,560	1,550	2,680
6	9月	3,290	2,040	2,360
7	平均売上	2,970		

平均の計算には関数が便利です

Memo

AVERAGE 関数

「AVERAGE（アベレージ）関数」は、引数に指定された数値やセル範囲の平均を求める関数です。AVERAGE 関数は、［数式］タブの［関数ライブラリ］グループ（132 ページ参照）から入力することもできます。

書式：= **AVERAGE（数値 1,〔数値 2〕,…）**

Chapter 4　数式／関数

Section 38

条件を満たす値を集計しよう

表の中から条件に合ったセルの値だけを合計したいときは、SUMIF 関数を使います。SUMIF 関数は、［数式］タブの［関数ライブラリ］グループの［数学／三角］のメニューから選んで入力します。

1 条件を満たすセルの値を合計しよう

1 結果を表示するセルをクリックして、

2 ［数式］タブをクリックします。

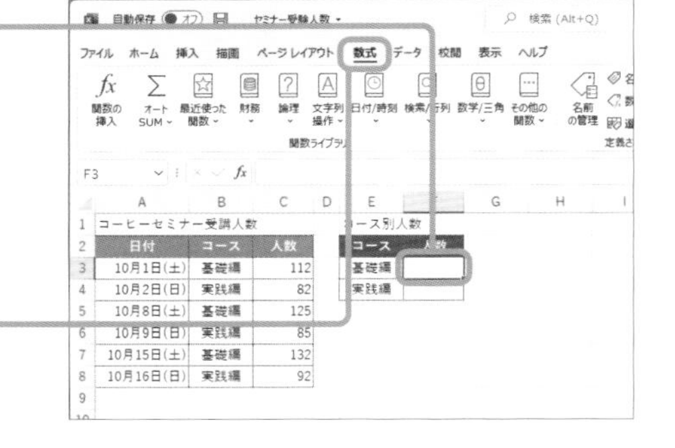

3 ［数学／三角］をクリックして、

4 ［SUMIF］をクリックします。

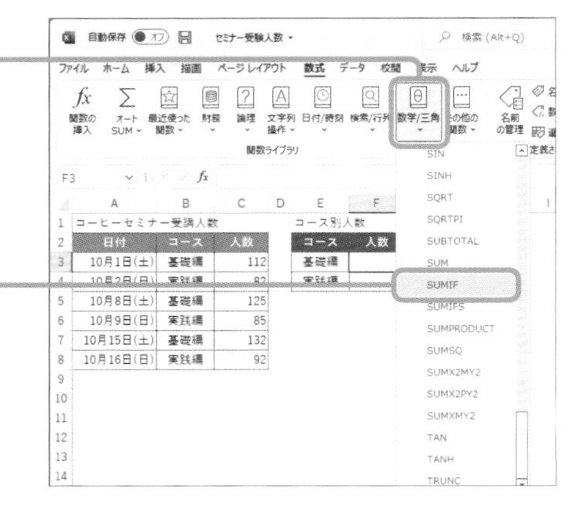

5 [範囲] 欄をクリックして、

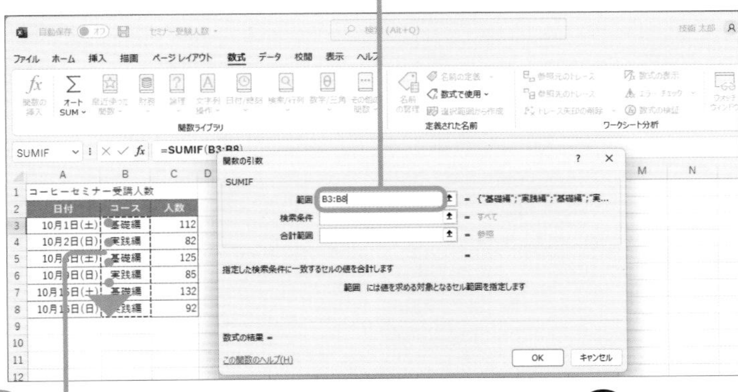

6 検索の対象となるセル範囲をドラッグして指定します。

[関数ライブラリ] の使い方は覚えておきましょう

7 [検索条件] 欄をクリックして、

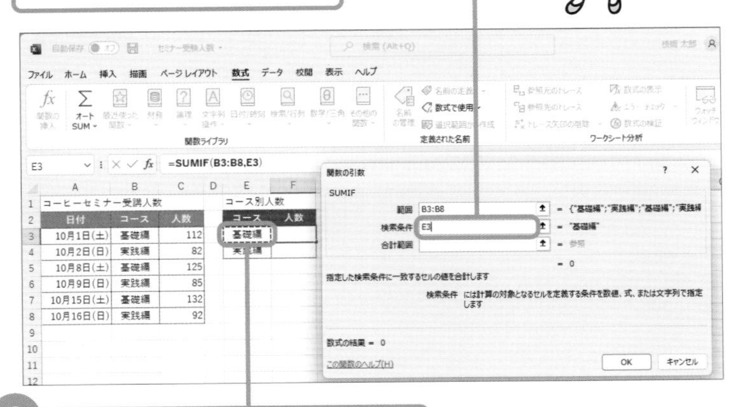

8 条件を入力したセルをクリックします。

9 ［合計範囲］欄をクリックして、

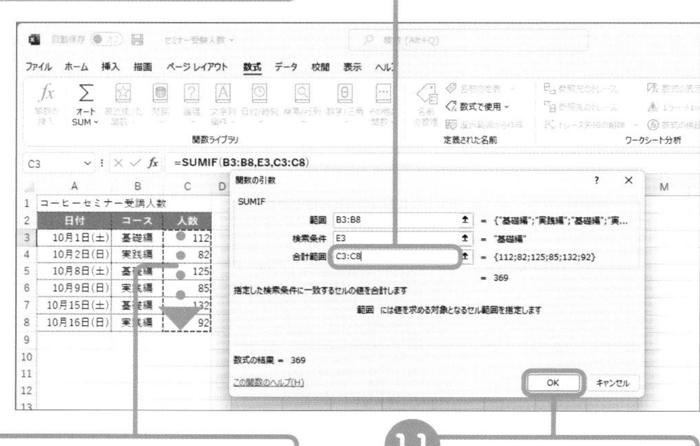

10 計算の対象とするセル範囲をドラッグして指定します。

11 ［OK］をクリックすると、

12 条件に一致したセルの合計が求められます。

F3 =SUMIF(B3:B8,E3,C3:C8)

	A	B	C	D	E	F
1	コーヒーセミナー受講人数				コース別人数	
2	日付	コース	人数		コース	人数
3	10月1日(土)	基礎編	112		基礎編	369
4	10月2日(日)	実践編	82		実践編	
5	10月8日(土)	基礎編	125			
6	10月9日(日)	実践編	85			
7	10月15日(土)	基礎編	132			
8	10月16日(日)	実践編	92			
9						

Memo

SUMIF 関数

「SUMIF（サムイフ）関数」は、引数に指定したセル範囲から、検索条件に一致するセルの値を合計する関数です。

書式：＝ SUMIF（範囲，検索条件，［合計範囲］）

Chapter

5

セル／シート／ブックを操作しよう

Section

Section

39 セルを追加しよう

表を作成したあとでも、必要に応じてセルを追加することができます。［ホーム］タブの［挿入］から［セルの挿入］をクリックします。セルを追加する際は、追加後にセルが移動する方向を指定します。

1 選択した場所にセルを追加しよう

1 セルを追加したいセル範囲を選択します。

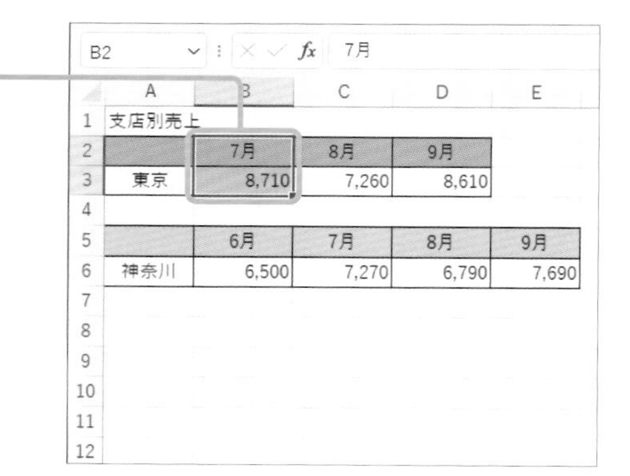

2 ［ホーム］タブの［挿入］のここをクリックして、

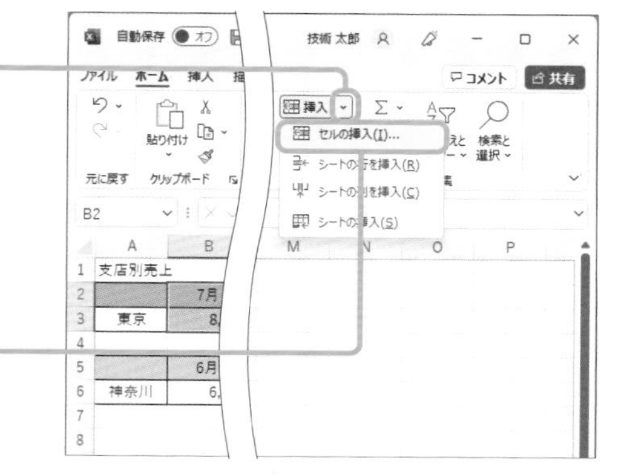

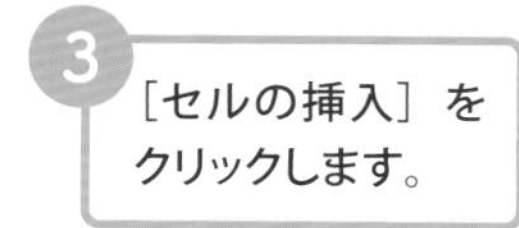

3 ［セルの挿入］をクリックします。

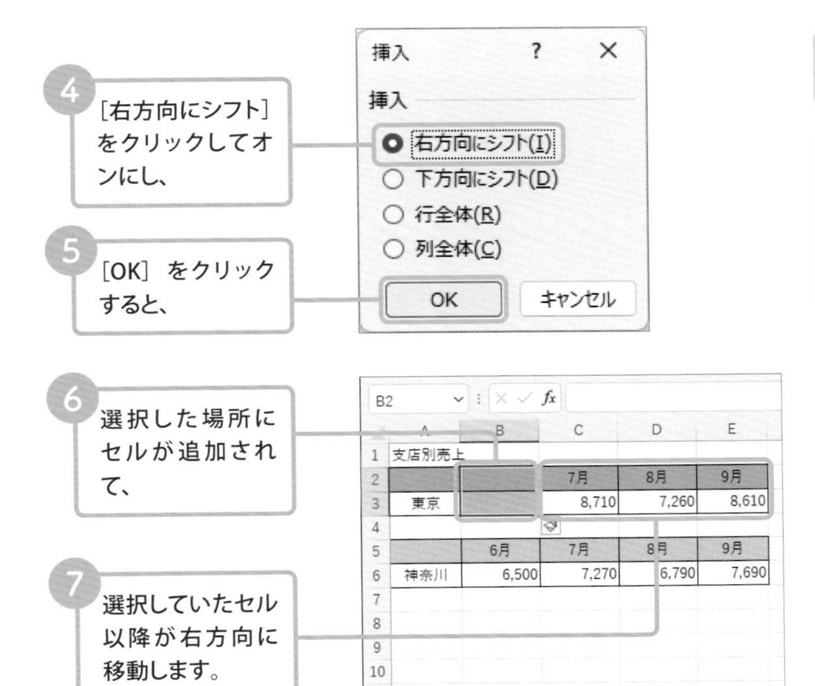

Hint 挿入オプション

追加したセルの上のセル（または左のセル）に書式が設定されている場合は、［挿入オプション］が表示されます。これを利用すると、追加したセルの書式を変更することができます。

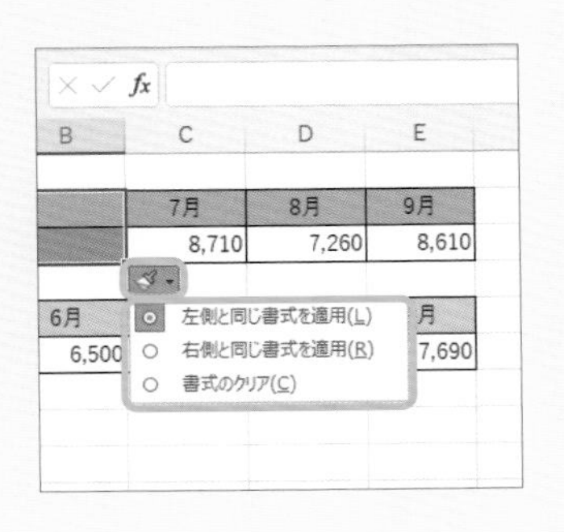

Section

40 セルを削除しよう

表を作成したあとでも、必要に応じてセルを削除することができます。［ホーム］タブの［削除］から［セルの削除］をクリックします。セルを削除する際は、削除後にセルが移動する方向を指定します。

1 セル範囲を削除しよう

1 削除したいセル範囲を選択します。

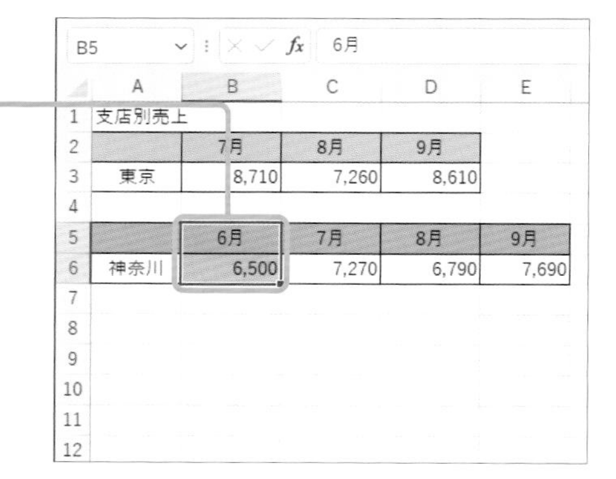

2 ［ホーム］タブの［削除］のここをクリックして、

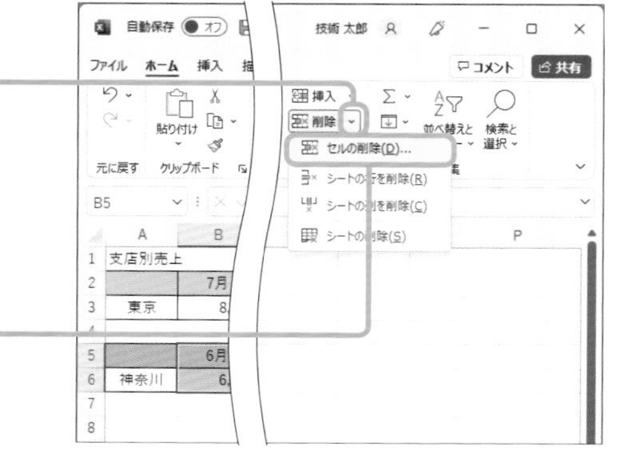

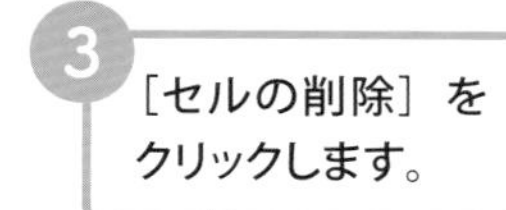

3 ［セルの削除］をクリックします。

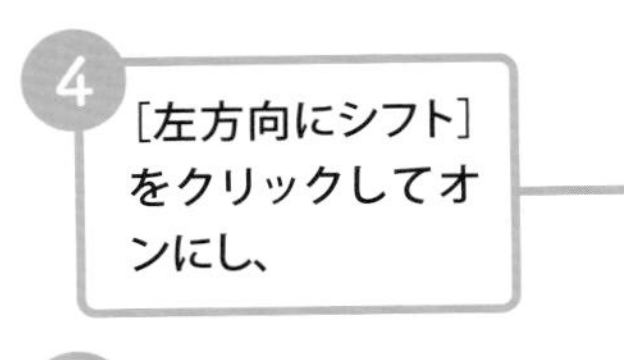

4
[左方向にシフト]をクリックしてオンにし、

5 [OK] をクリックすると、

6 セルが削除されて、

7 右側にあるセルが左方向に移動します。

セルを追加／削除するそのほかの方法

Hint

セルの追加や削除は、ここで紹介した方法のほかに、選択したセル範囲を右クリックすると表示されるメニューからも行うことができます。

Section

41 セルを結合しよう

隣り合う複数のセルは、結合して1つのセルとして扱うことができます。結合したセル内の文字は、通常のセルと同じように任意に配置できます。見出しなどに利用すると、表の体裁を整えることができます。

1 セルを結合して文字を中央に揃えよう

1 隣接する複数のセルを選択します。

2 ［ホーム］タブの［セルを結合して中央揃え］をクリックすると、

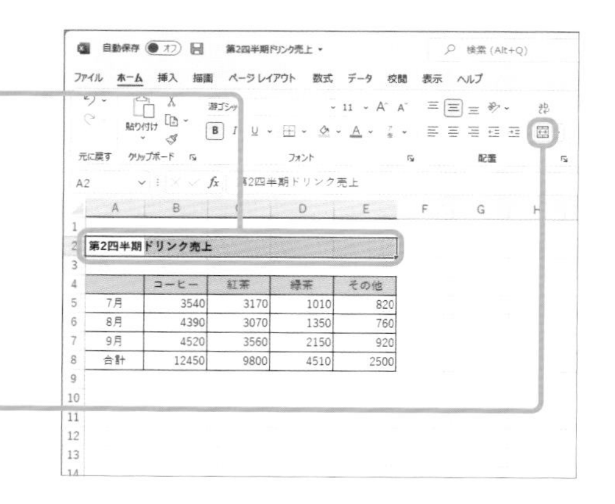

	A	B	C	D	E
1					
2	第2四半期ドリンク売上				
3					
4		コーヒー	紅茶	緑茶	その他
5	7月	3540	3170	1010	820
6	8月	4390	3070	1350	760
7	9月	4520	3560	2150	920
8	合計	12450	9800	4510	2500

3 セルが結合され、文字の配置が中央揃えになります。

A2 第2四半期ドリンク売上

	A	B	C	D	E
1					
2	第2四半期ドリンク売上				
3					
4		コーヒー	紅茶	緑茶	その他
5	7月	3540	3170	1010	820
6	8月	4390	3070	1350	760
7	9月	4520	3560	2150	920
8	合計	12450	9800	4510	2500

表のタイトルのセルなどを結合すると見やすいです

2 文字配置を維持したままセルを結合しよう

1 隣接する複数のセルを選択します。

	A	B	C	D	E
1					
2	第2四半期ドリンク売上				
3					
4		7月	8月	9月	合計
5	コーヒー	3540	4390	4520	12450
6	紅茶	3170	3070	3560	9800
7	緑茶	1010	1350	2150	4510
8	その他	820	760	920	2500

2 ［ホーム］タブの［セルを結合して中央揃え］のここをクリックして、

3 ［セルの結合］をクリックすると、

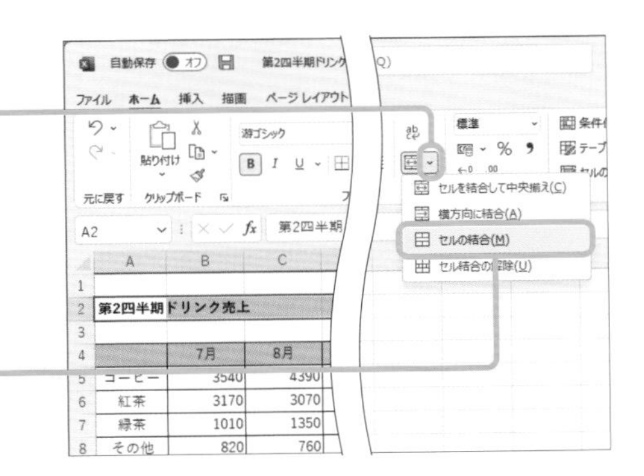

4 文字の配置を維持したまま、セルが結合されます。

	A	B	C	D	E
1					
2	第2四半期ドリンク売上				
3					
4		7月	8月	9月	合計
5	コーヒー	3540	4390	4520	12450
6	紅茶	3170	3070	3560	9800
7	緑茶	1010	1350	2150	4510
8	その他	820	760	920	2500

Memo

セルの結合を解除する

セルの結合を解除するには、結合されたセルを選択して、［セルを結合して中央揃え］をクリックします。

Section

42 行や列を追加しよう

表を作成したあとで新しい項目が必要になった場合は、行や列を挿入してデータを追加します。行を追加するときは行番号を、列を追加するときは列番号をクリックして、［ホーム］タブの［挿入］をクリックします。

1 行を追加しよう

1 行番号をクリックして選択します。

2 ［ホーム］タブの［挿入］をクリックすると、

3 選択した行の上に新しい行が追加されます。

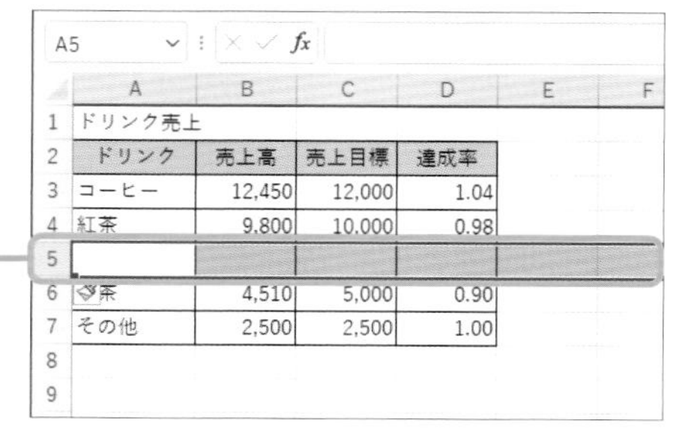

	A	B	C	D
1	ドリンク売上			
2	ドリンク	売上高	売上目標	達成率
3	コーヒー	12,450	12,000	1.04
4	紅茶	9,800	10,000	0.98
5				
6	茶	4,510	5,000	0.90
7	その他	2,500	2,500	1.00

2 列を追加しよう

追加したいデータがあるときに便利です

1 列番号をクリックして選択します。

2 ［ホーム］タブの［挿入］をクリックすると、

3 選択した列の左に列が追加されます。

Hint 追加した行や列の書式を設定できる

追加した周囲のセルに書式が設定されていた場合、追加した行や列には、上の行または左の列の書式が適用されます。書式を変更したい場合は、行や列を追加した際に表示される［挿入オプション］をクリックして設定します。

Section

43 行や列を削除しよう

表を作成したあとで不要になった項目がある場合は、行単位や列単位で削除することができます。行を削除するときは行番号を、列を削除するときは列番号をクリックして、［ホーム］タブの［削除］をクリックします。

1 行を削除しよう

1 行番号をクリックして、削除する行を選択します。

2 ［ホーム］タブの［削除］をクリックすると、

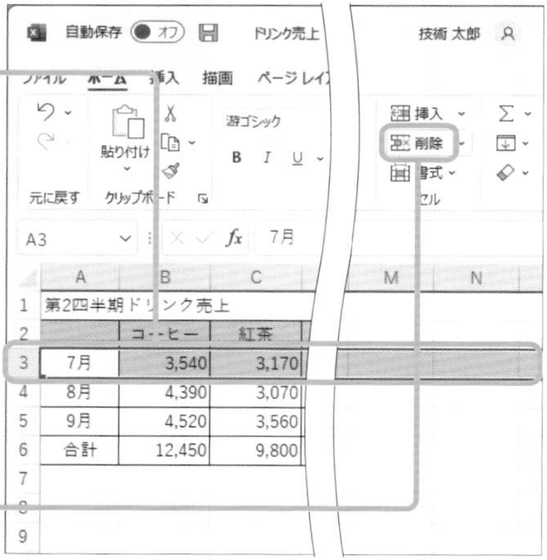

3 行が削除されます。

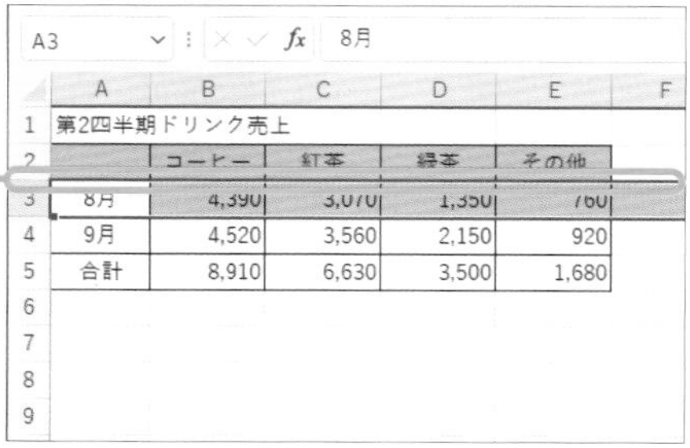

2 列を削除しよう

1 列番号をクリックして、削除する列を選択します。

2 ［ホーム］タブの［削除］をクリックすると、

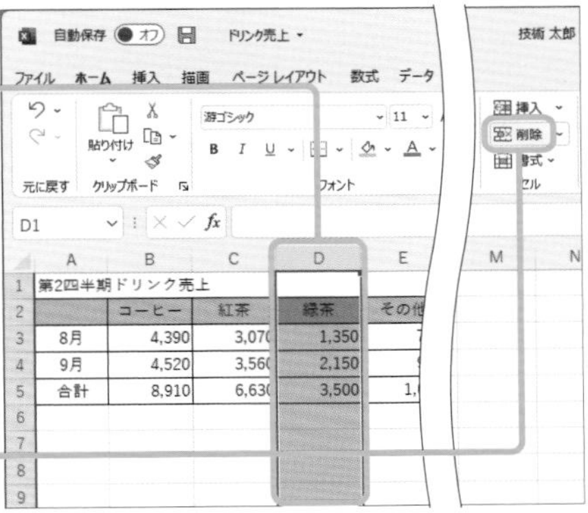

自動保存 オフ ドリンク売上 技術 太郎

ファイル ホーム 挿入 描画 ページレイアウト 数式 データ

元に戻す 貼り付け クリップボード 游ゴシック 11 B I U フォント 挿入 削除 書式 セル

D1 fx

	A	B	C	D	E	M	N
1	第2四半期ドリンク売上						
2		コーヒー	紅茶	緑茶	その他		
3	8月	4,390	3,070	1,350	7		
4	9月	4,520	3,560	2,150	9		
5	合計	8,910	6,630	3,500	1,		
6							
7							
8							
9							

3 列が削除されます。

D1 fx

	A	B	C	D	E	F	G
1	第2四半期ドリンク売上						
2		コーヒー	紅茶	その他			
3	8月	4,390	3,070	760			
4	9月	4,520	3,560	920			
5	合計	8,910	6,630	1,680			
6							
7							
8							

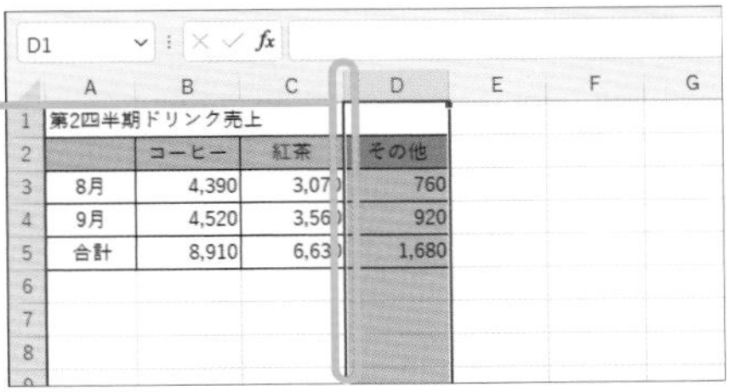

Hint 行や列を追加／削除するそのほかの方法

行や列の追加と削除は、ここで紹介した方法のほかに、選択した行や列を右クリックすると表示されるメニューからも行うことができます。

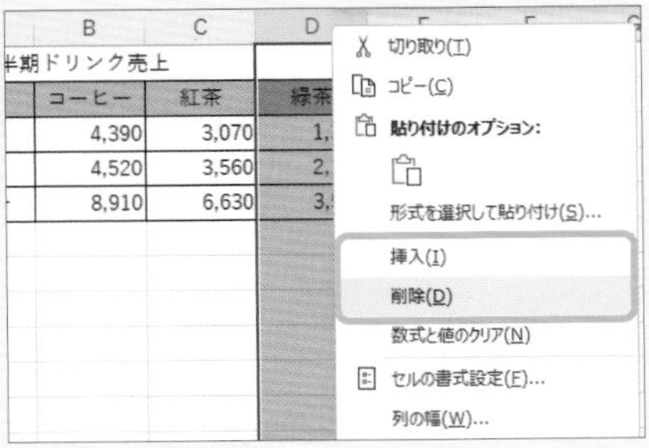

B	C	D
半期ドリンク売上		
コーヒー	紅茶	緑茶
4,390	3,070	1,
4,520	3,560	2,
8,910	6,630	3,

切り取り(T)
コピー(C)
貼り付けのオプション:
形式を選択して貼り付け(S)...
挿入(I)
削除(D)
数式と値のクリア(N)
セルの書式設定(F)...
列の幅(W)...

Section

44 見出しの行を固定しよう

表のデータが多くなると、シートをスクロールしたときに見出しの行が見えなくなり、入力したデータが何を表すのかわからなくなることがあります。このような場合は、見出しの行を固定しておくとよいでしょう。

1 ウィンドウ枠を固定しよう

1 固定する行の１つ下の先頭のセルをクリックして、

2 ［表示］タブをクリックします。

	A	B	C	D
1	ドリンクリスト			
2	種類	商品	サイズ	単価
3	コーヒー	コーヒー	R	450
4		コーヒー	L	550
5		ウインナーコーヒー	R	480
6		ウインナーコーヒー	L	620
7		アイスウィンナーコーヒー	R	500
8		アイスウィンナーコーヒー	L	650
9		アイスコーヒー	R	450
10		アイスコーヒー	L	520
11		ミルクコーヒー	R	480
12		ミルクコーヒー	L	620
13		アイスミルクコーヒー	R	500

3 ［ウィンドウ枠の固定］をクリックして、

4 ［ウィンドウ枠の固定］をクリックします。

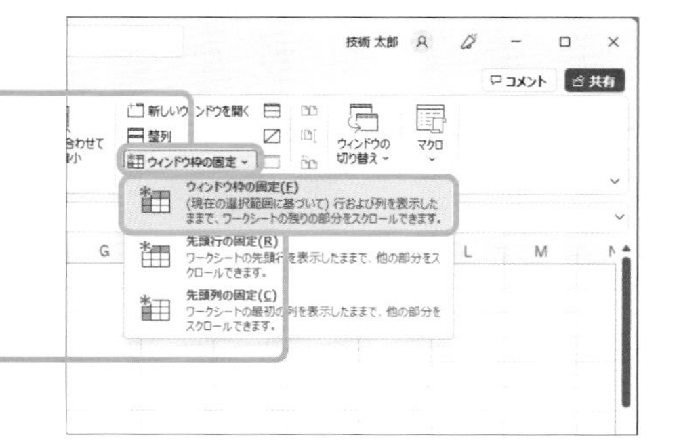

5 見出しの行が固定されて、境界線が表示されます。

	A	B	C	D
1	ドリンクリスト			
2	種類	商品	サイズ	単価
3	コーヒー	コーヒー	R	450
4		コーヒー	L	550
5		ウインナーコーヒー	R	480
6		ウインナーコーヒー	L	620
7		アイスウィンナーコーヒー	R	500
8		アイスウィンナーコーヒー	L	650
9		アイスコーヒー	R	450
10		アイスコーヒー	L	520
11		ミルクコーヒー	R	480
12		ミルクコーヒー	L	620
13		アイスミルクコーヒー	R	500
14		アイスミルクコーヒー	L	620
15	紅茶	ティー	R	400
16		ティー	L	450

見出しが見やすくなりました

6 スクロールバーを下方向にスクロールしても、

7 見出しの行は常に表示されます。

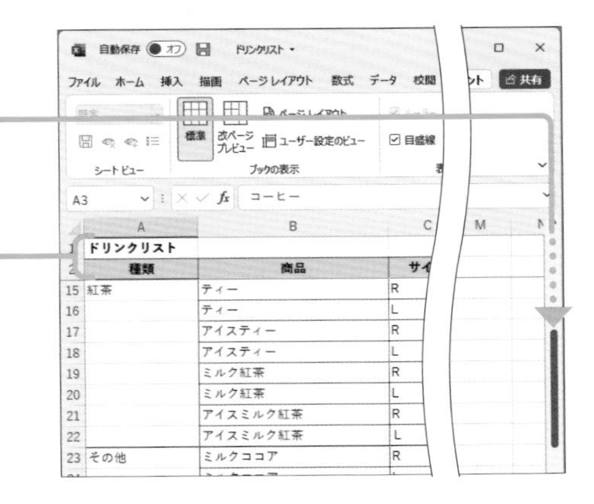

Memo

固定を解除する

ウィンドウ枠の固定を解除するには、［表示］タブの［ウィンドウ枠の固定］をクリックし、［ウィンドウ枠固定の解除］をクリックします。

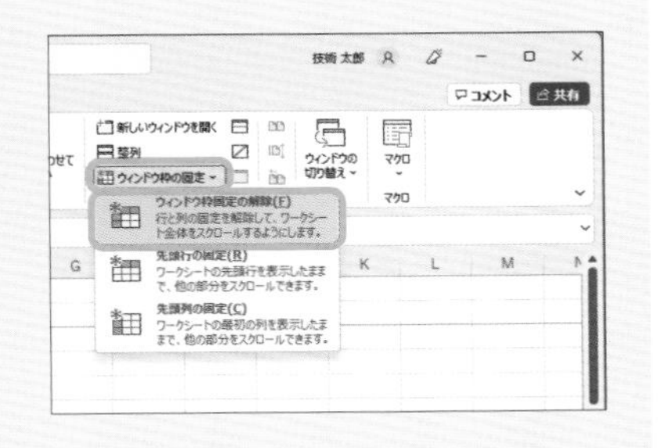

Section 45

シートを追加しよう／削除しよう

新しく作成したブックには、1枚のシートが表示されています。シートは、必要に応じて追加したり、不要になった場合は削除したりすることができます。ただし、すべてのシートを削除することはできません。

1 シートを追加しよう

10	売上目標	10,000	6,000	8,000	9,(
11	差額	500	270	-190	
12	達成率	105%	105%	98%	9

Sheet1 ⊕

準備完了　アクセシビリティ: 検討が必要です

1 ［新しいシート］をクリックすると、

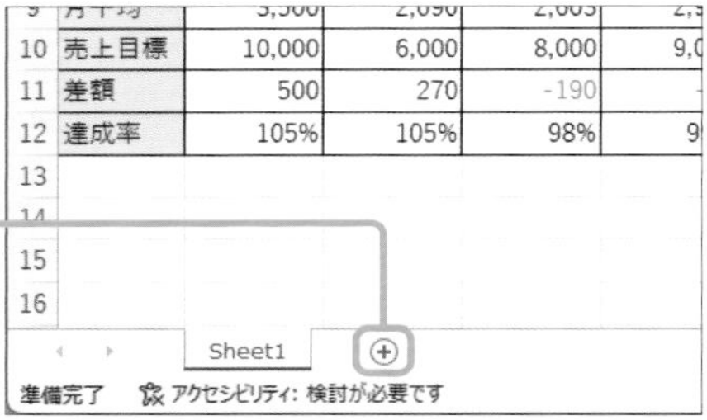

Sheet1 Sheet2 ⊕

準備完了　アクセシビリティ: 検討が必要です

2 新しいシートが追加されます。

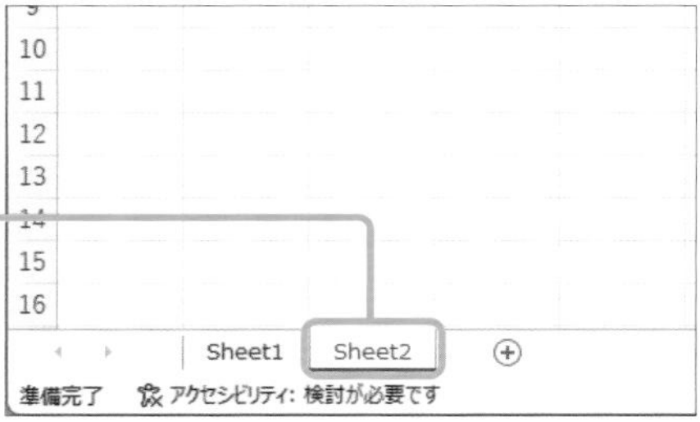

Hint

シート名を変更する

シートの名前を変更するには、シート見出しをダブルクリックして、シート名を入力し、Enterを押します。

2 シートを削除しよう

1 削除するシートのシート見出しをクリックします。

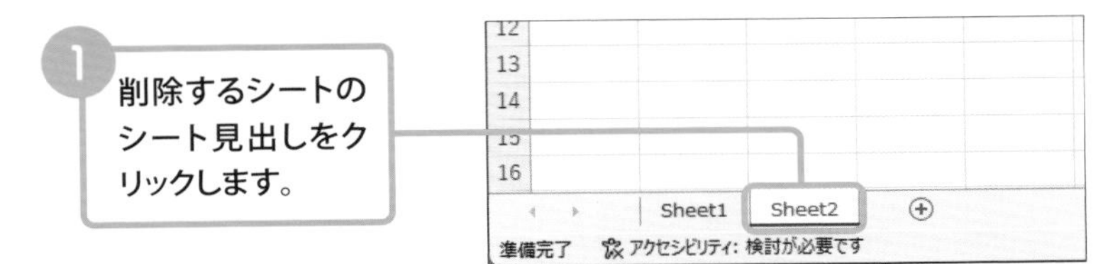

2 ［ホーム］タブの［削除］のここをクリックして、

3 ［シートの削除］をクリックすると、

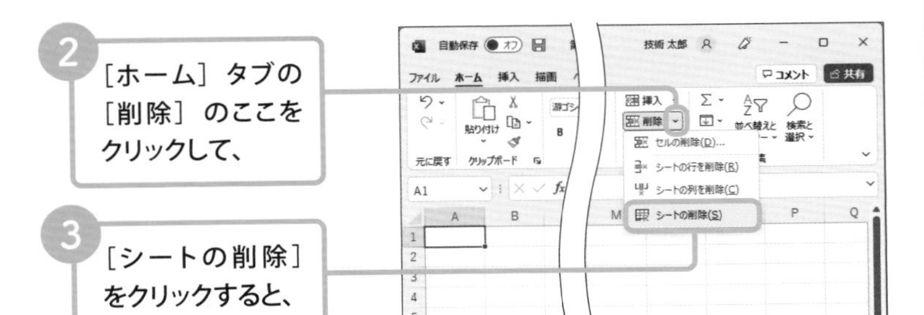

4 シートが削除されます。

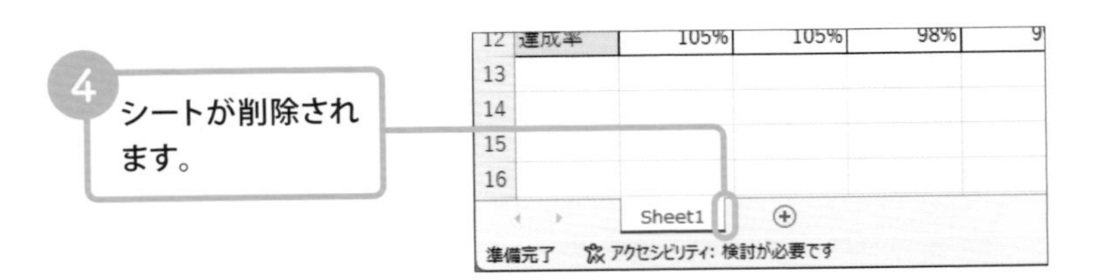

Memo データが入力されている場合

シートにデータが入力されている場合は、削除してよいかを確認するメッセージが表示されます。削除して問題ない場合は、［削除］をクリックします。

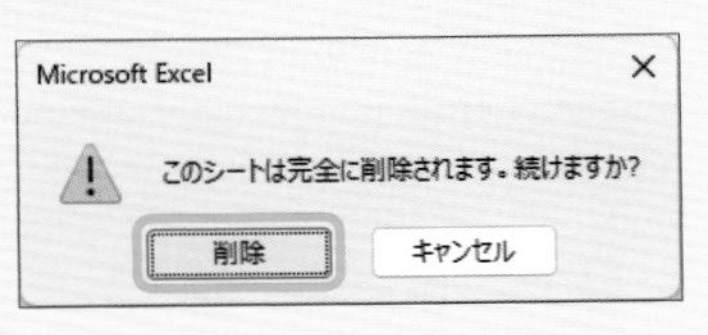

Section

46 シートを移動しよう／コピーしよう

複数のシートによく似た内容の表を作成する場合は、シートをコピーして編集すると効率的です。シートは、同じブック内や、別のブック間でコピーしたり移動したりすることができます。

1 シートを移動しよう

1 シート見出しを移動先にドラッグすると、

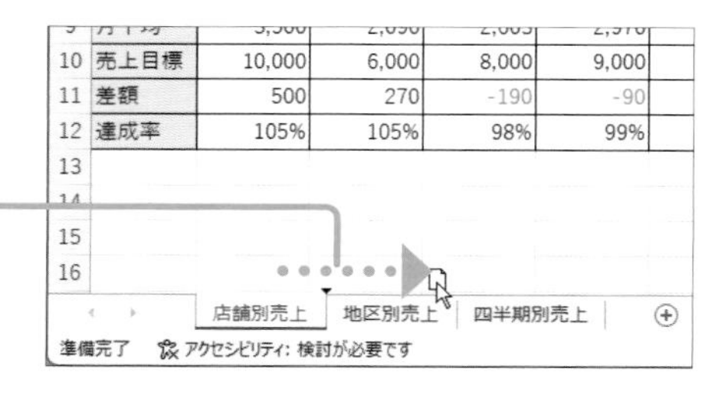

2 移動先に▼マークが表示されます。

10	売上目標	10,000	6,000	8,000	9,000
11	差額	500	270	-190	-90
12	達成率	105%	105%	98%	99%

店舗別売上　地区別売上　四半期別売上

準備完了　アクセシビリティ: 検討が必要です

3 マウスから指を離すと、その位置にシートが移動します。

10	売上目標	10,000	6,000	8,000	9,000
11	差額	500	270	-190	-90
12	達成率	105%	105%	98%	99%

地区別売上　四半期別売上　店舗別売上

準備完了　アクセシビリティ: 検討が必要です

よく使うシートはコピーすると便利です

2 シートをコピーしよう

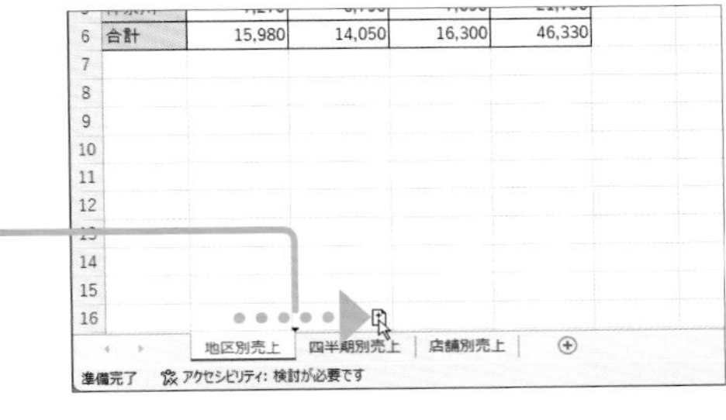

1 シート見出しを Ctrl を押しながらコピー先にドラッグすると、

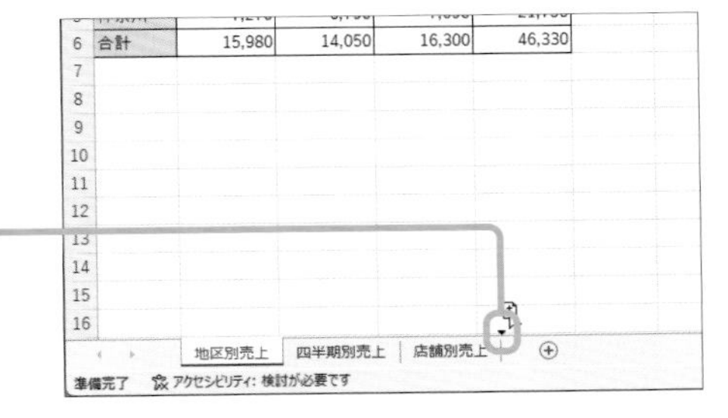

2 コピー先に▼マークが表示されます。

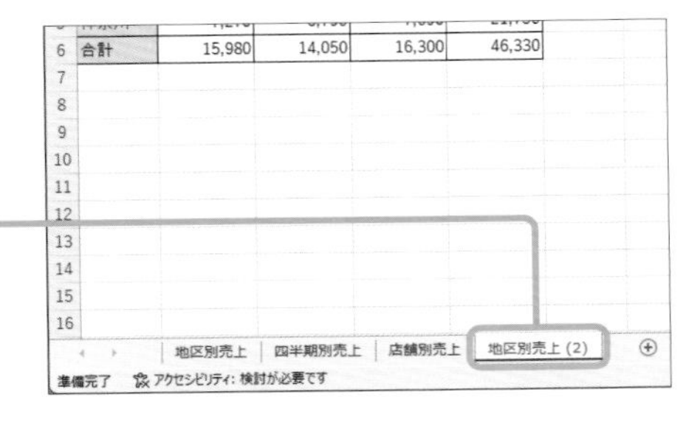

3 マウスから指を離すと、その位置にシートがコピーされます。

Memo

コピーされたシート名

コピーされたシート名には、もとのシート名の末尾に「(2)」「(3)」などの連続した番号が付きます。

3 ブック間でシートを移動しよう

1 移動もとと移動先のブックを開いておきます。

2 移動したいシート見出しをクリックして、

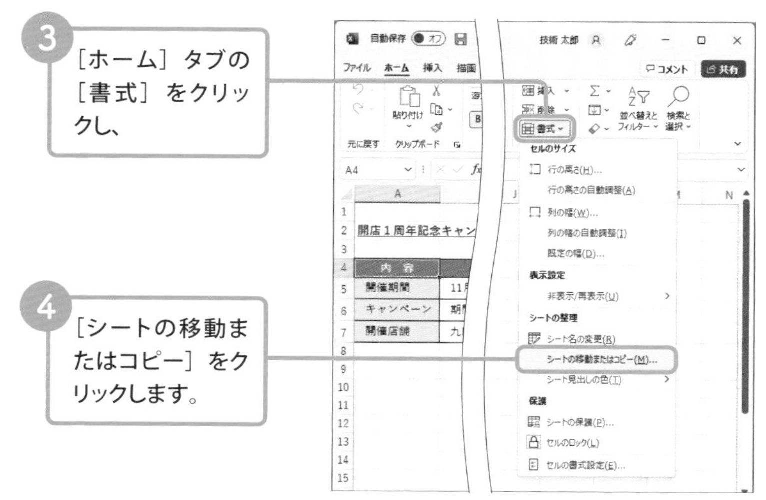

3 ［ホーム］タブの［書式］をクリックし、

4 ［シートの移動またはコピー］をクリックします。

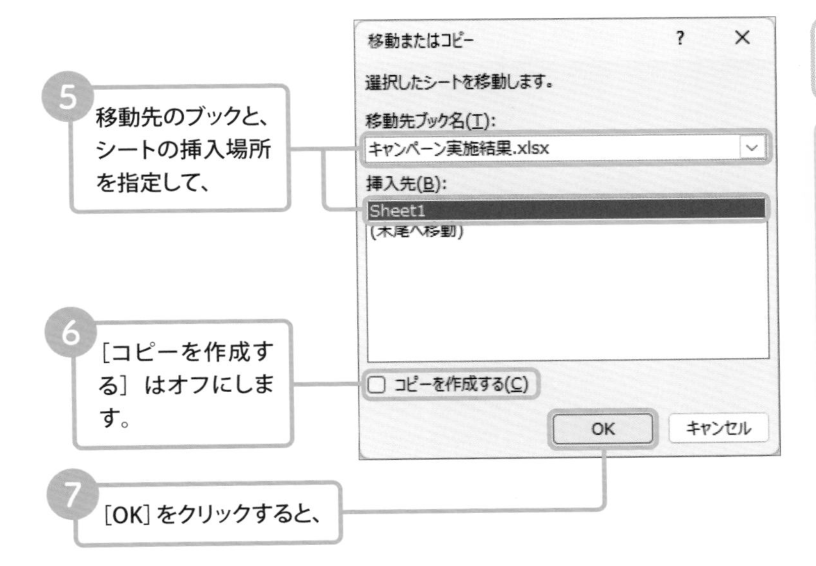

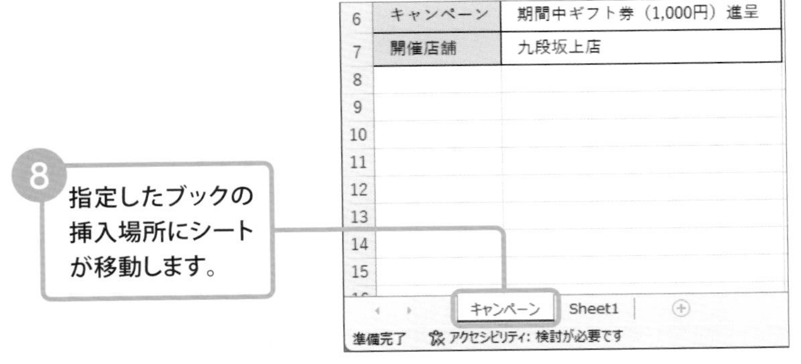

Hint

ブック間でシートをコピーする

ブック間でシートをコピーする場合は、手順❻で［コピーを作成する］をクリックしてオンにします。［コピーを作成する］をオンにすると、コピーもとのシートはそのまま残ります。

Section 47

ウィンドウを分割しよう／整列しよう

ウィンドウを上下や左右に分割すると、シート内の離れた部分を同時に比較することができます。また、異なるブックの2つのシートを並べて表示して、比較しながら作業を行うこともできます。

1 ウィンドウを上下に分割しよう

1 分割したい位置の下の行の行番号をクリックします。

2 ［表示］タブをクリックして、［分割］をクリックすると、

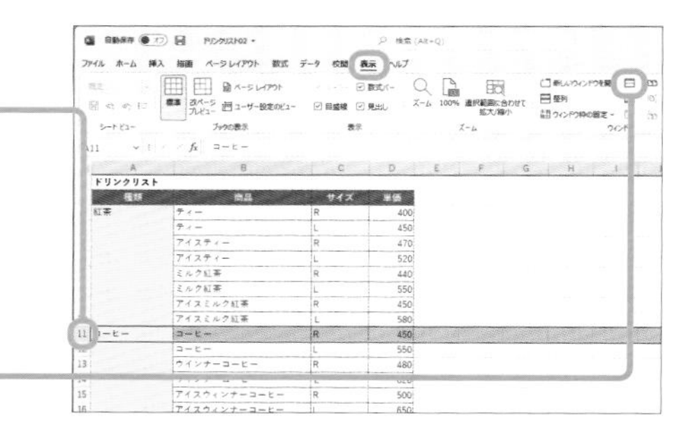

3 ウィンドウが指定した位置で上下に分割され、分割バーが表示されます。

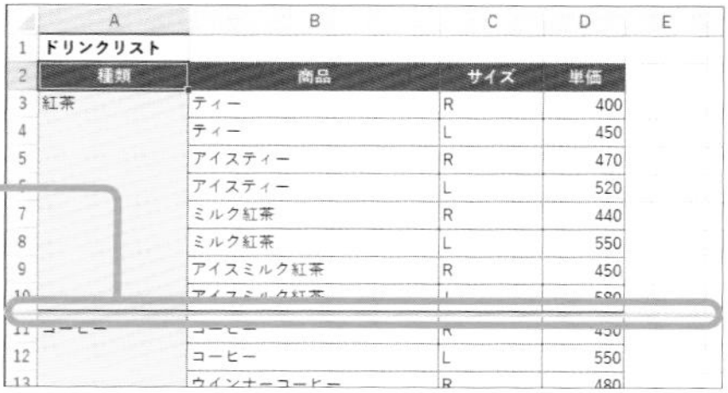

	A	B	C	D	E
1	ドリンクリスト				
2	種類	商品	サイズ	単価	
3	紅茶	ティー	R	400	
4		ティー	L	450	
5		アイスティー	R	470	
6		アイスティー	L	520	
7		ミルク紅茶	R	440	
8		ミルク紅茶	L	550	
9		アイスミルク紅茶	R	450	
10		アイスミルク紅茶	L	580	
11	コーヒー	コーヒー	R	450	
12		コーヒー	L	550	
13		ウインナーコーヒー	R	480	

Memo ウィンドウの分割を解除する

分割を解除するには、［分割］を再度クリックするか、分割バーをダブルクリックします。

2 2つのブックを左右に並べて表示しよう

1 並べて表示したいブックを開いておきます。

2 ［表示］タブをクリックして、［整列］をクリックします。

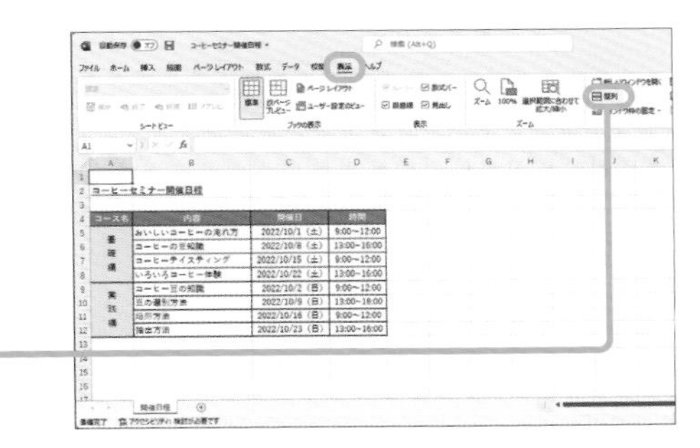

3 ［左右に並べて表示］をクリックしてオンにし、

4 ［OK］をクリックすると、

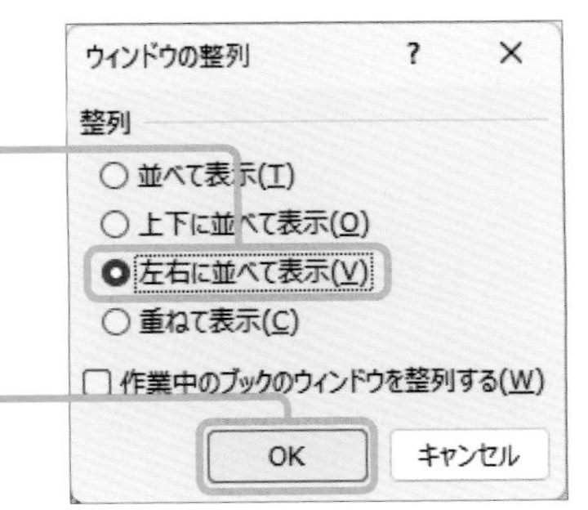

5 2つのウィンドウが左右に並んで表示されます。

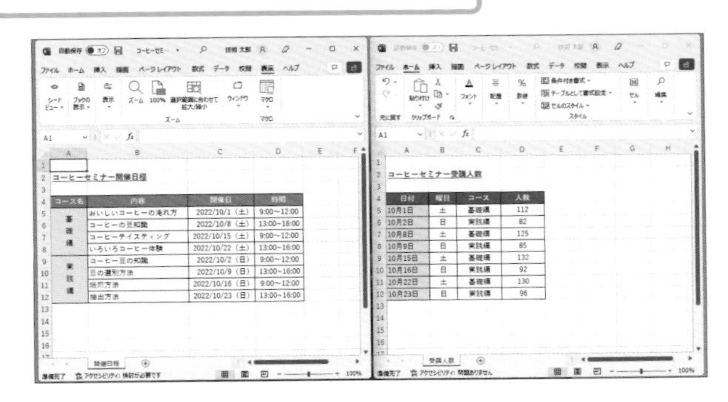

Section

48 データを並べ替えよう

リスト形式のデータでは、データを昇順や降順で並べ替えたり、新しい順や古い順で並べ替えたりすることができます。並べ替えを行う際は、基準となるフィールド（列）を指定します。

1 リスト形式のデータを作成しよう

リスト形式のデータとは、下図のように、先頭行に列見出し（フィールド名）が入力され、それぞれの列見出しの下に同じ種類のデータが入力されている一覧表のことです。表のタイトルなど、リストのデータと意味が異なるものとの間には、少なくとも１つの空白行を入れます。

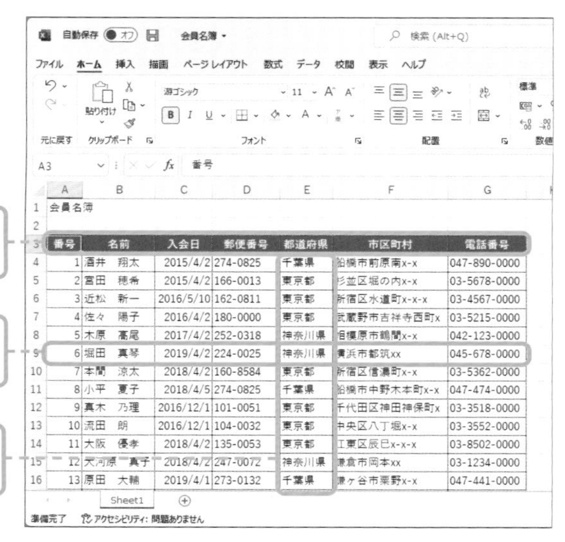

会員名簿

番号	名前	入会日	郵便番号	都道府県	市区町村	電話番号
1	酒井　翔太	2015/4/2	274-0825	千葉県	船橋市前原南x-x	047-890-0000
2	宮田　穂希	2015/4/2	166-0013	東京都	杉並区堀の内x-x	03-5678-0000
3	近松　新一	2016/5/10	162-0811	東京都	新宿区水道町x-x-x	03-4567-0000
4	佐々　陽子	2016/4/2	180-0000	東京都	武蔵野市吉祥寺西町x	03-5215-0000
5	木原　高尾	2017/4/2	252-0318	神奈川県	相模原市鶴間x-x	042-123-0000
6	堀田　真琴	2019/4/2	224-0025	神奈川県	横浜市都筑xx	045-678-0000
7	本間　涼太	2018/4/2	160-8584	東京都	新宿区信濃町x-x	03-5362-0000
8	小平　夏子	2018/4/5	274-0825	千葉県	船橋市中野木本町x-x	047-474-0000
9	真木　乃理	2016/12/1	101-0051	東京都	千代田区神田神保町x	03-3518-0000
10	流田　朗	2016/12/1	104-0032	東京都	中央区八丁堀x-x	03-3552-0000
11	大阪　優孝	2018/4/2	135-0053	東京都	江東区辰巳x-x-x	03-8502-0000
12	天河原　真子	2018/4/2	247-0072	神奈川県	鎌倉市岡本xx	03-1234-0000
13	原田　大輔	2019/4/1	273-0132	千葉県	鎌ケ谷市粟野x-x	047-441-0000

列見出し
（フィールド名）

レコード
（1件分のデータ）

フィールド
（1列分のデータ）

2 データを昇順や降順に並べ替えよう

1 並べ替えの基準となるフィールドの任意のセルをクリックします。

	A	B	C	D	E	F
1	会員名簿					
2						
3	番号	名前	入会日	郵便番号	都道府県	市区町村
4	1	酒井　翔太	2015/4/2	274-0825	千葉県	船橋市前原南x-x
5	2	宮田　穂希	2015/4/2	166-0013	東京都	杉並区堀の内x-x
6	3	近松　新一	2016/5/10	162-0811	東京都	新宿区水道町x-x-x
7	4	佐々　陽子	2016/4/2	180-0000	東京都	武蔵野市吉祥寺西町x
8	5	木原　高尾	2017/4/2	252-0318	神奈川県	相模原市鶴間x-x
9	6	堀田　真琴	2019/4/2	224-0025	神奈川県	横浜市都筑xx
10	7	本間　涼太	2018/4/2	160-8584	東京都	新宿区信濃町x-x
11	8	小平　夏子	2018/4/5	274-0825	千葉県	船橋市中野木本町x-x

2 ［データ］タブをクリックして、

3 ［昇順］をクリックすると、

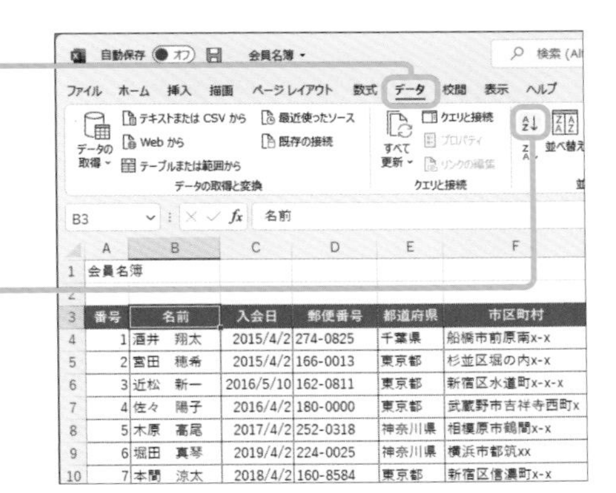

4 「名前」の昇順に表全体が並べ替えられます。

	A	B	C	D	E	F
1	会員名簿					
2						
3	番号	名前	入会日	郵便番号	都道府県	市区町村
4	17	秋吉　清八	2020/4/2	134-0088	東京都	江戸川区西葛西xx-x
5	19	石井　晃生	2020/4/2	156-0045	東京都	世田谷区桜上水xx
6	18	石田　和之	2020/4/2	145-8502	東京都	品川区西五反田x-x
7	12	大河原　真子	2018/4/2	247-0072	神奈川県	鎌倉市岡本xx
8	11	大阪　優孝	2018/4/2	135-0053	東京都	江東区辰巳x-x-x
9	5	木原　高尾	2017/4/2	252-0318	神奈川県	相模原市鶴間x-x
10	8	小平　夏子	2018/4/5	274-0825	千葉県	船橋市中野木本町x-x
11	1	酒井　翔太	2015/4/2	274-0825	千葉県	船橋市前原南x-x

Memo

降順に並べ替える

降順に並べ替えるには、手順❸で［降順］をクリックします。

3 並べ替えをもとに戻そう

1 並べ替えの基準となるフィールドの任意のセルをクリックして、

2 ［データ］タブの［昇順］をクリックすると、

	A	B	C	D	E	F
1	会員名簿					
2						
3	番号	名前	入会日	郵便番号	都道府県	市区町村
4	17	秋吉 清八	2020/4/2	134-0088	東京都	江戸川区西葛西xx-x
5	19	石井 晃生	2020/4/2	156-0045	東京都	世田谷区桜上水xx
6	18	石田 和之	2020/4/2	145-8502	東京都	品川区西五反田x-x
7	12	大河原 真子	2018/4/2	247-0072	神奈川県	鎌倉市岡本xx
8	[illegible]	[illegible]	[illegible]	[illegible]	[illegible]	[illegible]
9	5	木原 高尾	2017/4/2	252-0318	神奈川県	相模原市鶴間x-x
10	8	小平 夏子	2018/4/5	274-0825	千葉県	船橋市中野木本町x-x
11	1	酒井 翔太	2015/4/2	274-0825	千葉県	船橋市前原南x-x
12	16	坂本 真央	2019/5/5	229-0011	神奈川県	相模原上溝xxx

3 「番号」の昇順にデータが並べ替えられます。

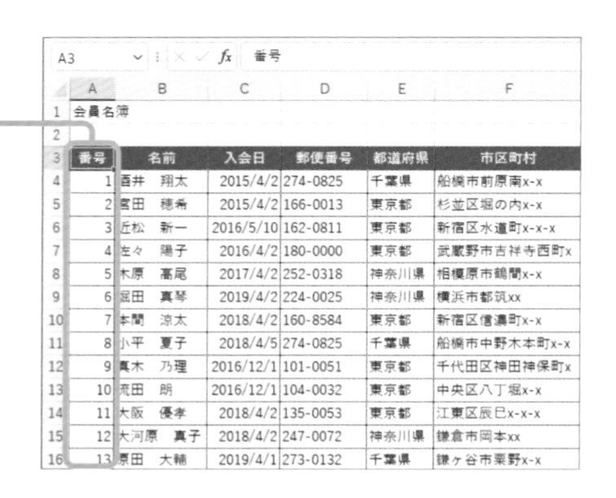

	A	B	C	D	E	F
1	会員名簿					
2						
3	番号	名前	入会日	郵便番号	都道府県	市区町村
4	1	酒井 翔太	2015/4/2	274-0825	千葉県	船橋市前原南x-x
5	2	宮田 穂希	2015/4/2	166-0013	東京都	杉並区堀の内x-x
6	3	近松 新一	2016/5/10	162-0811	東京都	新宿区水道町x-x-x
7	4	佐々 陽子	2016/4/2	180-0000	東京都	武蔵野市吉祥寺西町x
8	5	木原 高尾	2017/4/2	252-0318	神奈川県	相模原市鶴間x-x
9	6	堀田 真琴	2019/4/2	224-0025	神奈川県	横浜市都筑xx
10	7	本間 涼太	2018/4/2	160-8584	東京都	新宿区信濃町x-x
11	8	小平 夏子	2018/4/5	274-0825	千葉県	船橋市中野木本町x-x
12	9	真木 乃理	2016/12/1	101-0051	東京都	千代田区神田神保町x
13	10	流田 朗	2016/12/1	104-0032	東京都	中央区八丁堀x-x
14	11	大阪 優孝	2018/4/2	135-0053	東京都	江東区辰巳x-x-x
15	12	大河原 真子	2018/4/2	247-0072	神奈川県	鎌倉市岡本xx
16	13	原田 大輔	2019/4/1	273-0132	千葉県	鎌ヶ谷市粟野x-x

Hint

並べ替えをもとに戻す

並び順の基準になるフィールドがない場合、並べ替えをした直後であれば［ホーム］タブの［元に戻す］をクリックすると戻すことができます。ただし、並べ替えたあとでファイルを閉じた場合は、もとに戻せないので注意が必要です。

Chapter

6

グラフを利用しよう

Section

Section
49 グラフの基本を知ろう

Excel では、棒グラフ、折れ線グラフ、円グラフなど、さまざまなグラフが作成できます。はじめに、表とグラフの関係と、グラフの構成要素を確認しておきましょう。

1 グラフと表の関係を知ろう

グラフは、表の項目や数値をもとにして作成します。表とグラフの関係は、以下のとおりです。表の数値が変更されると、グラフにも変更が反映されます。

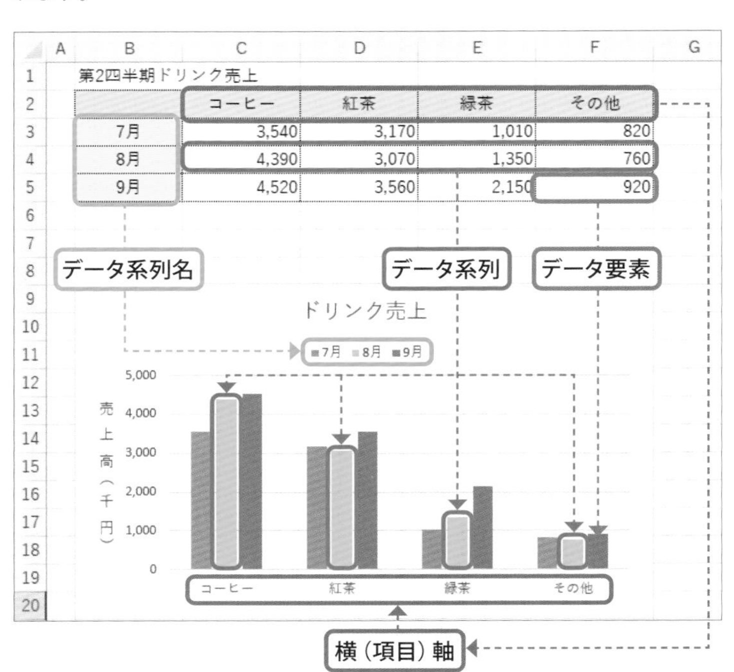

第2四半期ドリンク売上

	コーヒー	紅茶	緑茶	その他
7月	3,540	3,170	1,010	820
8月	4,390	3,070	1,350	760
9月	4,520	3,560	2,150	920

2 グラフの構成要素を知ろう

グラフを構成するそれぞれの要素のことを「グラフ要素」といいます。それぞれのグラフ要素は、グラフのもとになった表の内容と関連しています。

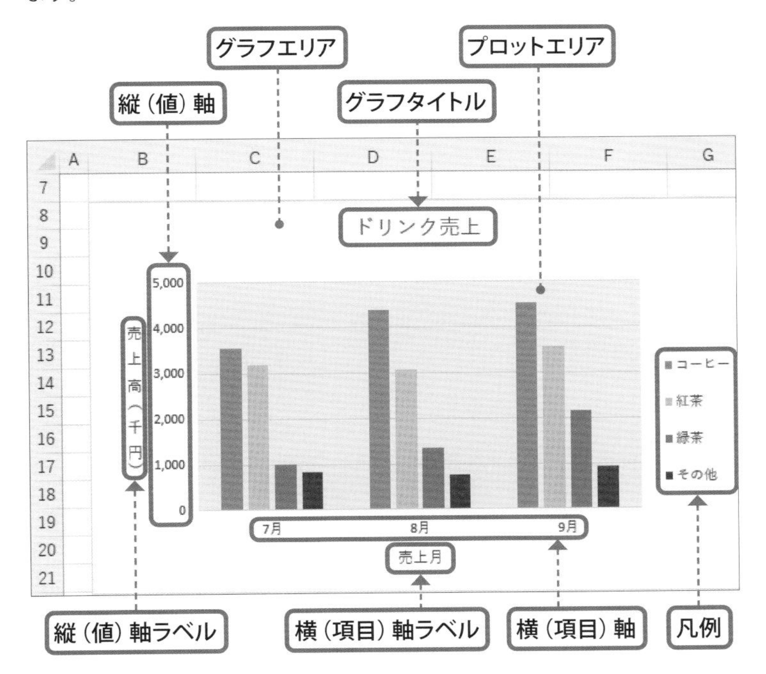

名称	概要
縦(値)軸	データの値を示す軸です。
グラフエリア	すべてのグラフ要素を含むエリアです。単にグラフという場合は、グラフエリアを指します。
グラフタイトル	グラフの内容を表すタイトルです。
プロットエリア	グラフが表示される領域です。
縦(値)軸ラベル	縦（値）軸の内容を示すラベルです。
横(項目)軸ラベル	横（項目）軸の内容を示すラベルです。
横(項目) 軸	データの項目を示す軸です。
凡例	データ系列の内容を示す領域です。

Section
50 グラフを作成しよう

［挿入］タブの［おすすめグラフ］を利用すると、表の内容に適したグラフをかんたんに作成することができます。また、［グラフ］グループに用意されているコマンドを利用してグラフを作成することもできます。

1 データに適したグラフを作成しよう

1 グラフのもとになるセル範囲を選択して、

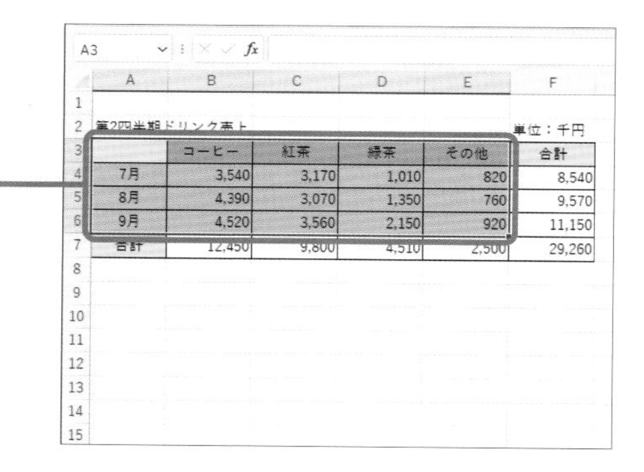

2 ［挿入］タブをクリックし、

3 ［おすすめグラフ］をクリックします。

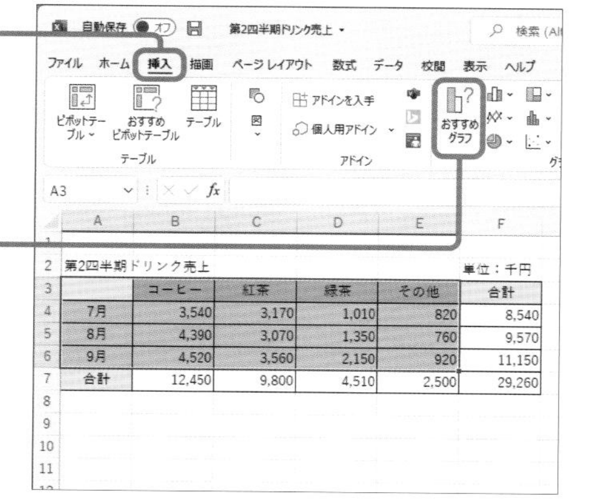

最適なグラフが自動で選ばれます

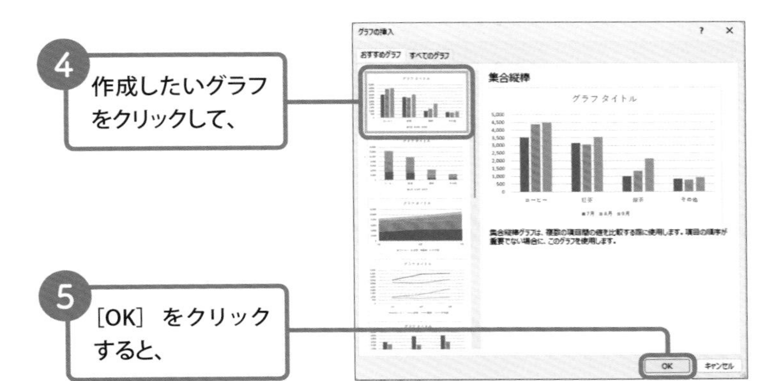

6 グラフが作成されます。

7 「グラフタイトル」と表示されている部分をクリックして、タイトルを入力します。

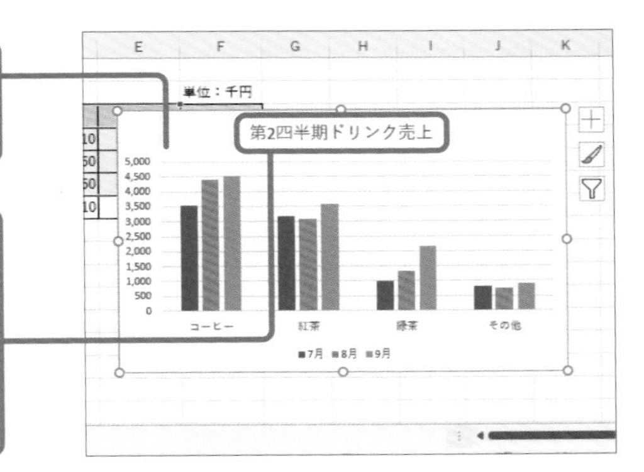

Hint グラフを作成するそのほかの方法

グラフは、[挿入] タブの [グラフ] グループに用意されているコマンドを使っても作成することができます。グラフの種類に対応したコマンドをクリックして、目的のグラフを選択します。

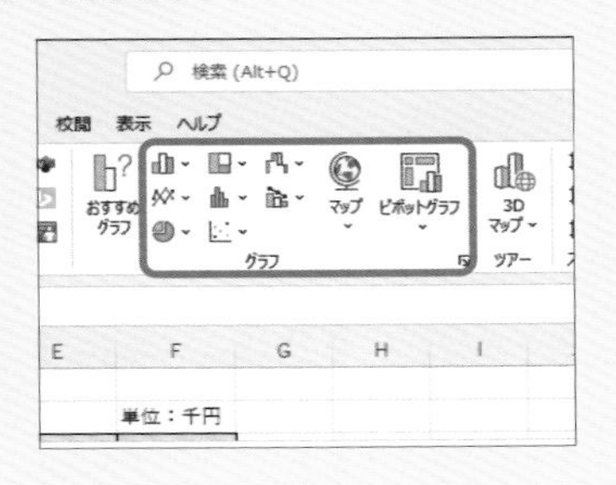

Section
51 グラフの位置やサイズを変更しよう

作成した直後のグラフは、グラフのもとデータがあるシートの中央に表示されます。グラフは、ドラッグして任意の位置に移動したり、サイズを変更したりすることができます。

1 グラフを移動しよう

1 グラフエリアの何もないところをクリックしてグラフを選択し、

2 移動したい場所までドラッグすると、

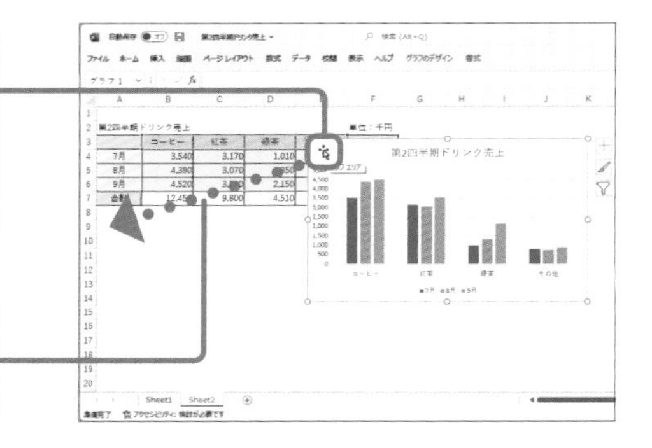

3 グラフが移動されます。

2 グラフの大きさを変更しよう

1 グラフをクリックします。

2 サイズ変更ハンドルにマウスポインターを合わせて、

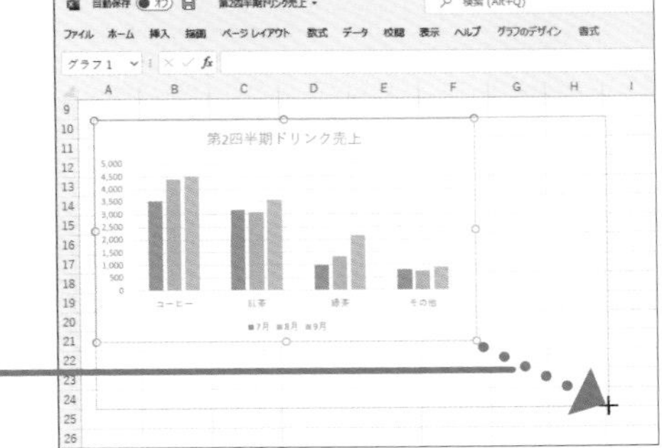

3 変更したい大きさになるまでドラッグすると、

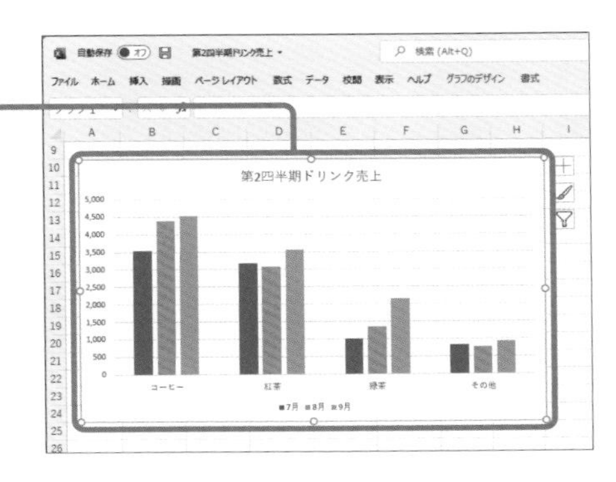

4 グラフの大きさが変更されます。

文字サイズや凡例などの表示サイズは、もとのサイズのままです。

Section
52 軸ラベルを表示させよう

作成した直後のグラフには、グラフタイトルと凡例だけが表示されています。ほかのグラフ要素は、必要に応じて追加することができます。ここでは、縦軸ラベルと目盛線を追加してみましょう。

1 縦軸ラベルを追加しよう

1 グラフをクリックして、

自動保存 オフ 第2四半期ドリンク売上
検索 (Alt+Q)
ファイル ホーム 挿入 描画 ページレイアウト 数式 データ 校閲 表示 ヘルプ グラフのデザイン
貼り付け Calibri 本文 10
元に戻す クリップボード フォント 配置
グラフ 1
A B C D E F G H
第2四半期ドリンク売上
5,000 4,500 4,000 3,500 3,000 2,500 2,000 1,500 1,000 500 0
コーヒー 紅茶 緑茶 その他
■7月 ■8月 ■9月

2 ［グラフ要素］をクリックし、

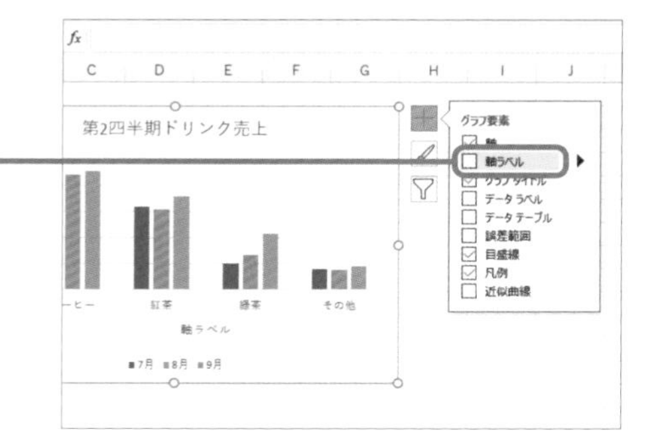

3 ［軸ラベル］にマウスポインターを合わせます。

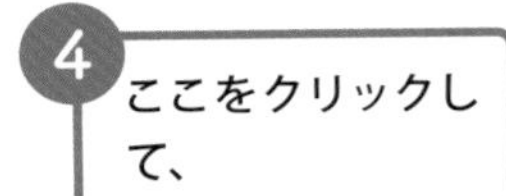

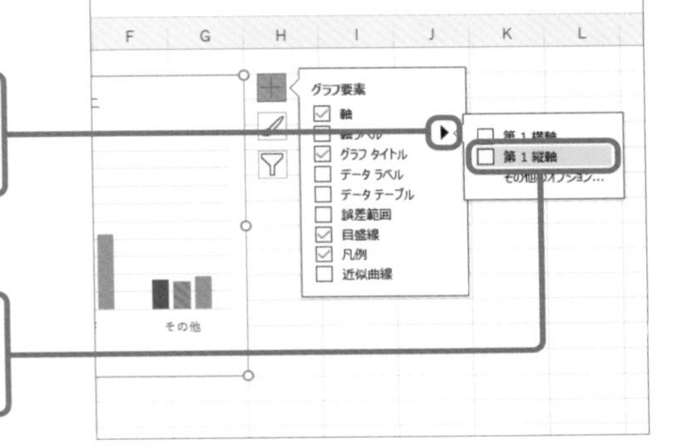

5 ［第 1 縦軸］をクリックすると、

6 グラフエリアの左側に「軸ラベル」と表示されます。

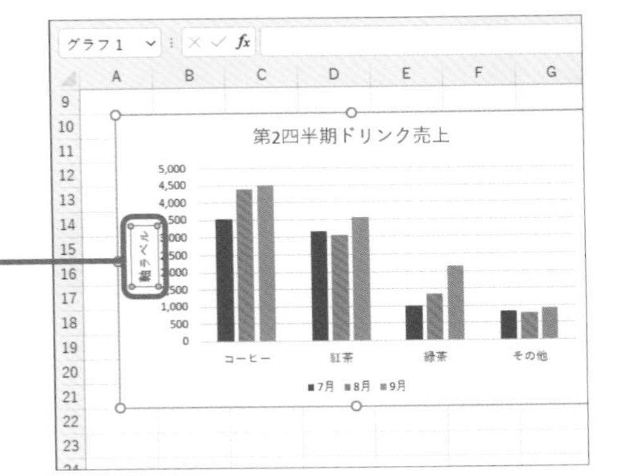

7 クリックして軸ラベル名を入力し、

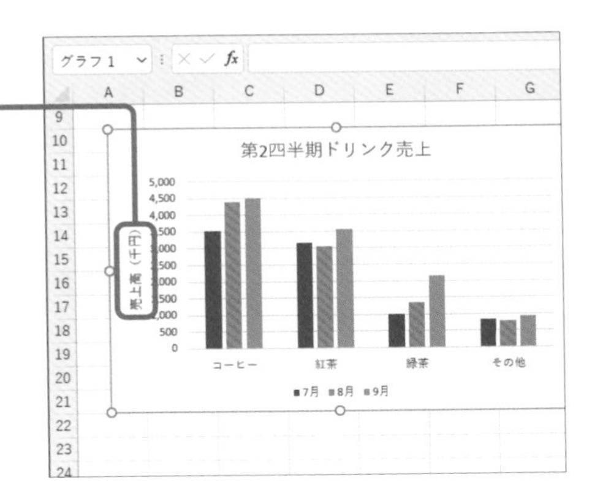

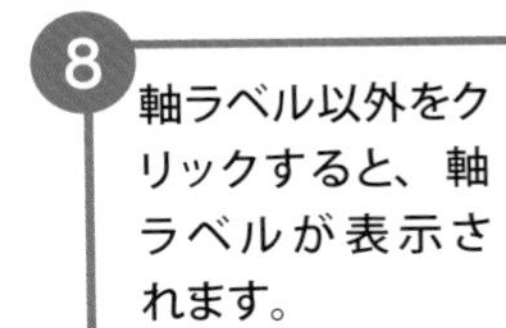

8
軸ラベル以外をクリックすると、軸ラベルが表示されます。

2 軸ラベルの文字方向を変更しよう

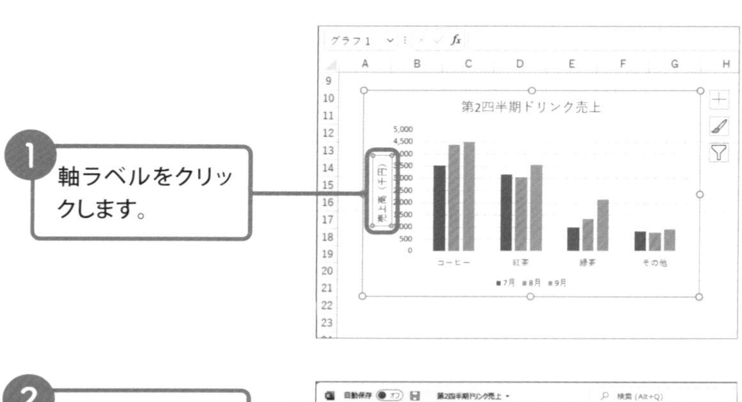

1 軸ラベルをクリックします。

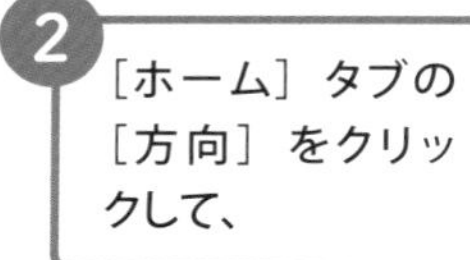

2 [ホーム] タブの [方向] をクリックして、

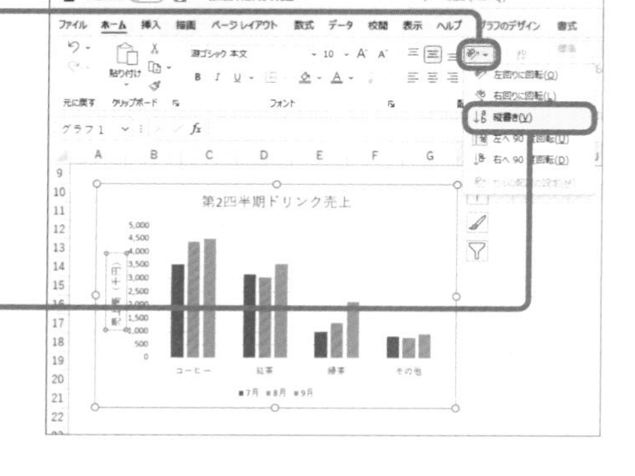

3 [縦書き] をクリックすると、

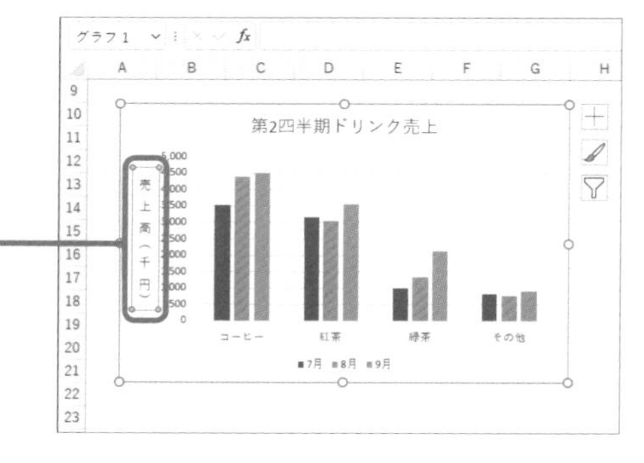

4 軸ラベルの文字方向が縦書きに変更されます。

3 目盛線を追加しよう

1 グラフをクリックして、[グラフ要素]をクリックし、

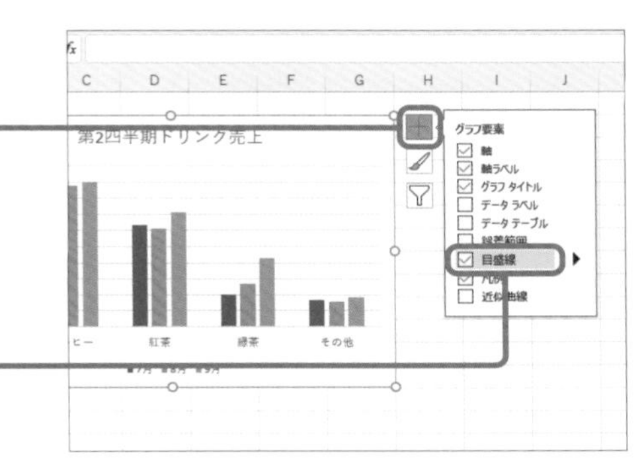

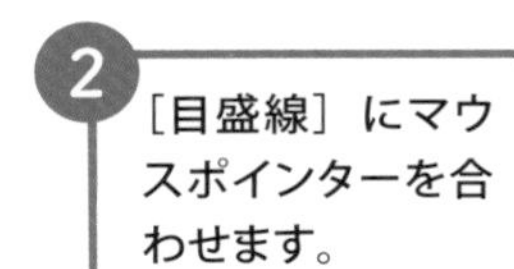

2 [目盛線]にマウスポインターを合わせます。

3 ここをクリックして、

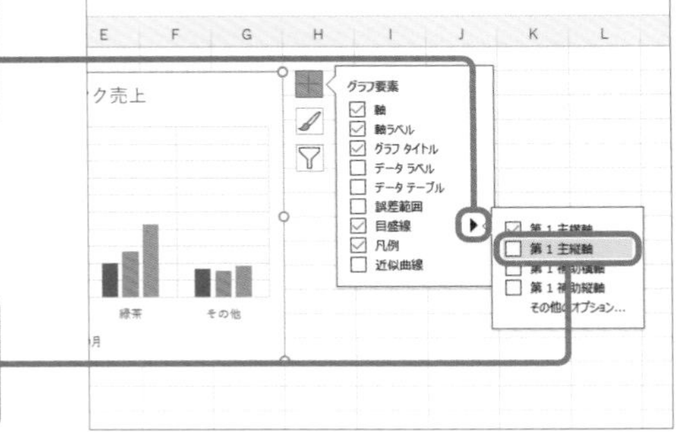

4 [第 1 主縦軸]をクリックすると、

5 主縦軸目盛線が表示されます。

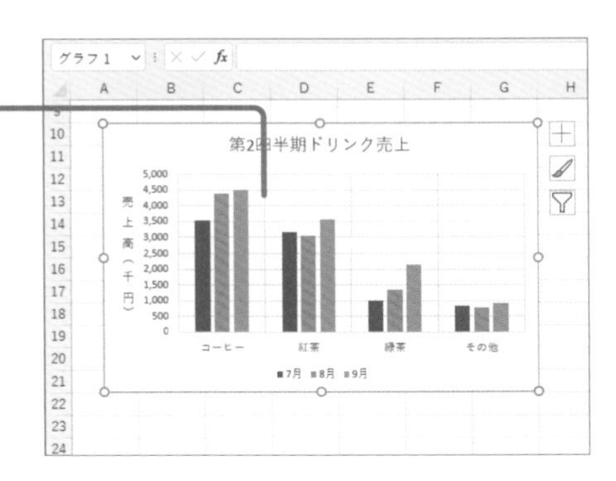

Section
53 グラフの種類を変更しよう

グラフの種類は、グラフを作成したあとでも、変更することができます。グラフの種類を変更すると、変更前のグラフに設定していたレイアウトやデザインはそのまま引き継がれます。

1 棒グラフを折れ線グラフに変更しよう

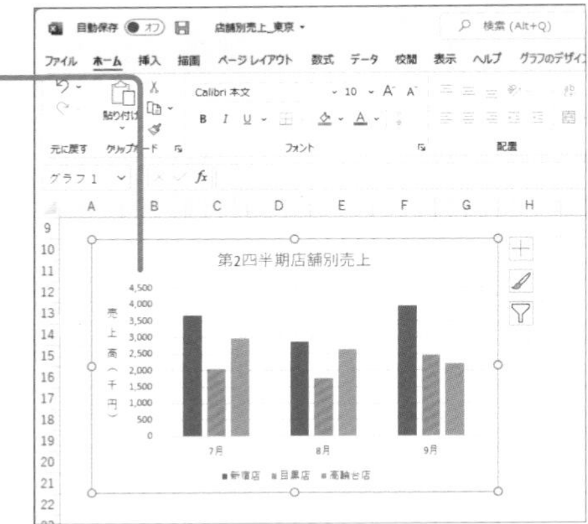

1 グラフをクリックして、

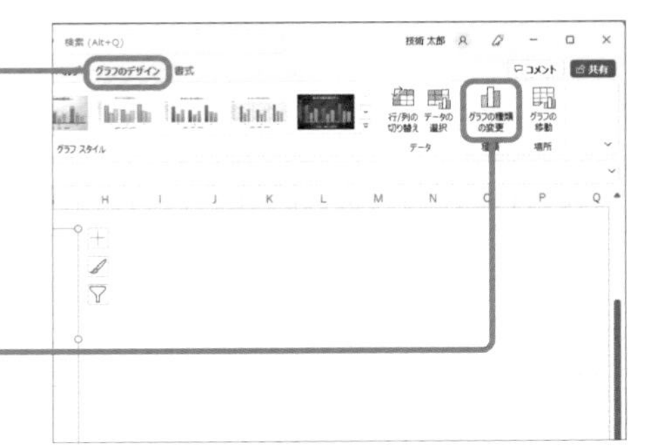

2 ［グラフのデザイン］タブをクリックし、

3 ［グラフの種類の変更］をクリックします。

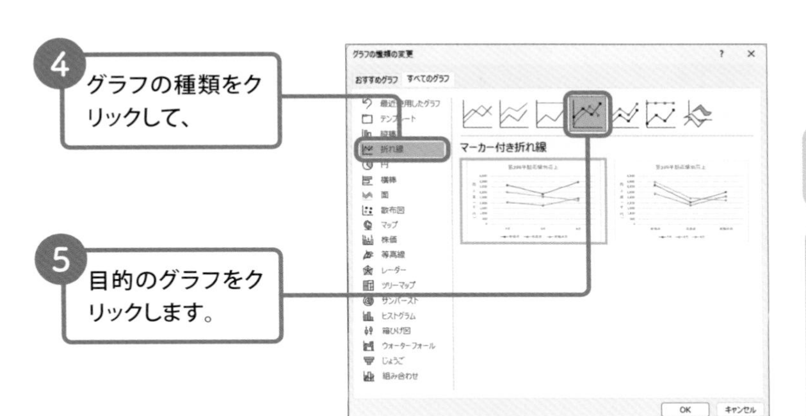
4
グラフの種類をクリックして、
5
目的のグラフをクリックします。
グラフの種類の変更
おすすめグラフ
すべてのグラフ
最近使用したグラフ
テンプレート
縦棒
折れ線
円
横棒
面
散布図
マップ
株価
等高線
レーダー
ツリーマップ
サンバースト
ヒストグラム
箱ひげ図
ウォーターフォール
じょうご
組み合わせ
マーカー付き折れ線
OK
キャンセル

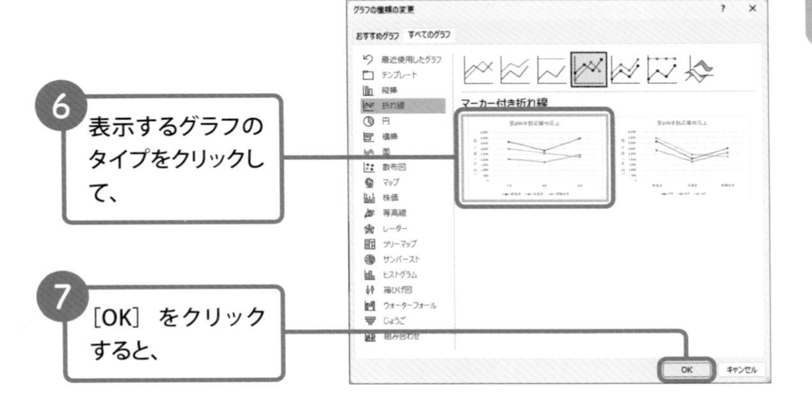
6
表示するグラフのタイプをクリックして、
7
[OK] をクリックすると、
グラフの種類の変更
おすすめグラフ
すべてのグラフ
最近使用したグラフ
テンプレート
縦棒
折れ線
円
横棒
面
散布図
マップ
株価
等高線
レーダー
ツリーマップ
サンバースト
ヒストグラム
箱ひげ図
ウォーターフォール
じょうご
組み合わせ
マーカー付き折れ線
OK
キャンセル

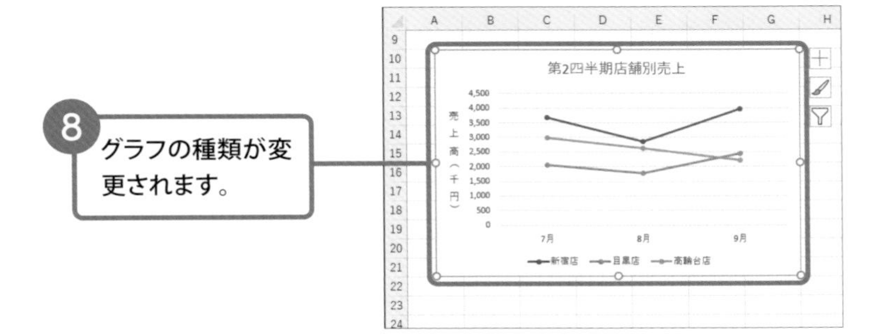
8
グラフの種類が変更されます。
第2四半期店舗別売上
売上高（千円）
4,500
4,000
3,500
3,000
2,500
2,000
1,500
1,000
500
0
7月
8月
9月
新宿店
目黒店
高輪台店

Section
54 グラフのレイアウトやデザインを変更しよう

グラフのレイアウトやデザインは、あらかじめ用意されている［クイックレイアウト］や［グラフスタイル］から好みの設定を選ぶだけで、かんたんに変更することができます。

1 グラフのレイアウトを変更しよう

1 グラフをクリックします。

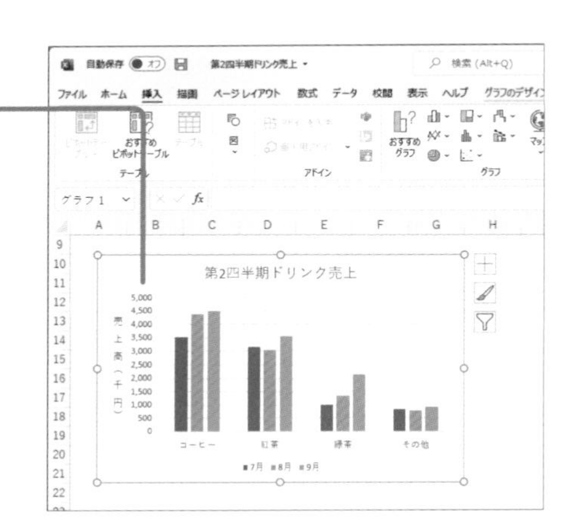

2 ［グラフのデザイン］タブをクリックして、

3 ［クイックレイアウト］をクリックします。

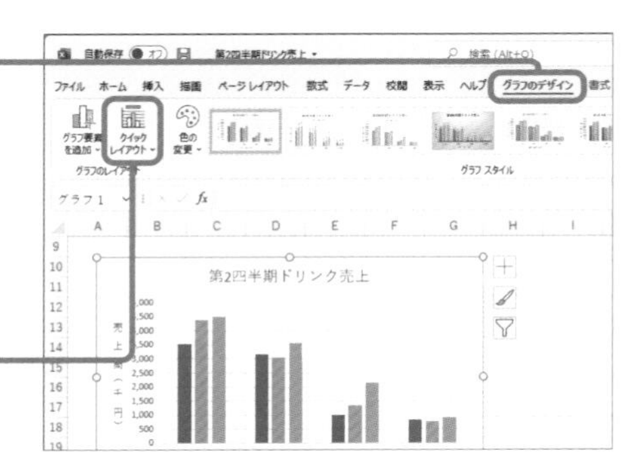

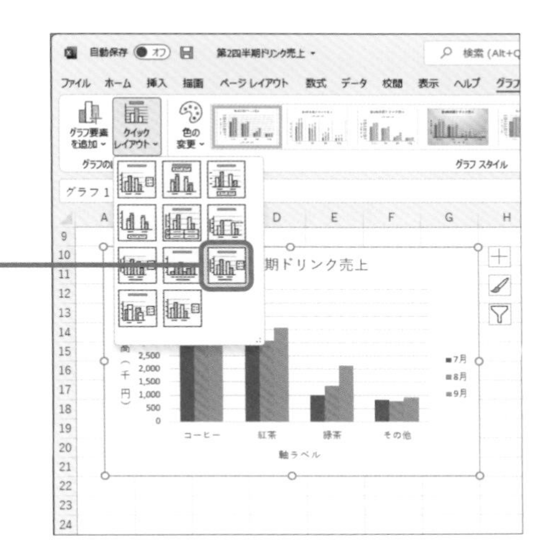

4 使用したいレイアウト（ここでは［レイアウト 9］）をクリックすると、

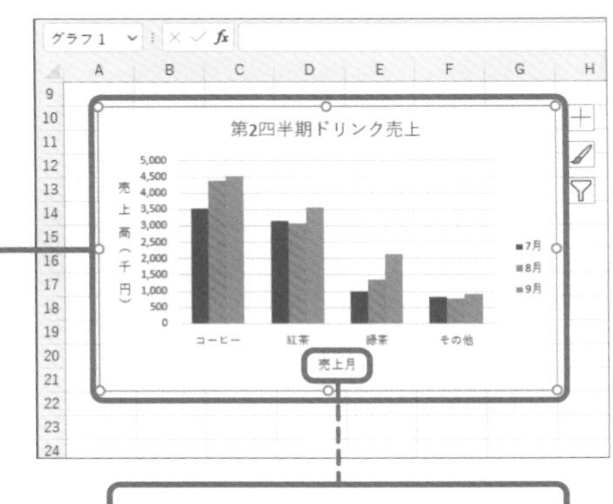

5 グラフ全体のレイアウトが変わります。

軸ラベル名を入力しています。

グラフが見やすくなりました！

2 グラフのスタイルを変更しよう

1 グラフをクリックして、[グラフのデザイン] タブをクリックし、

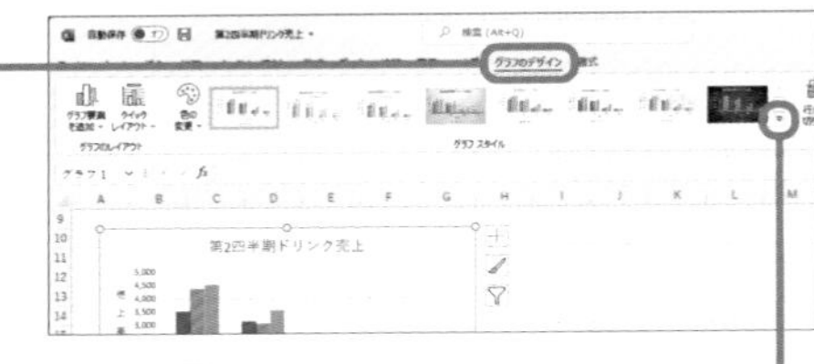

2 [グラフスタイル] の [その他] をクリックします。

3 使用したいスタイルをクリックすると、

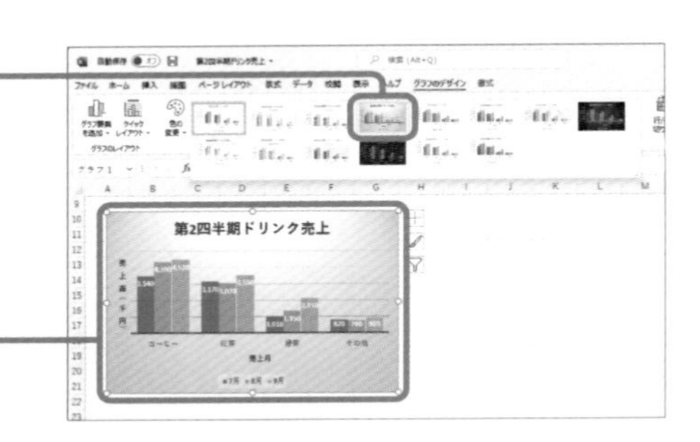

4 グラフのスタイルが変更されます。

Stepup グラフの色を変更する

グラフ全体の色味を変更することもできます。グラフをクリックして、[グラフのデザイン] タブの [色の変更] をクリックし、使用したい色をクリックします。

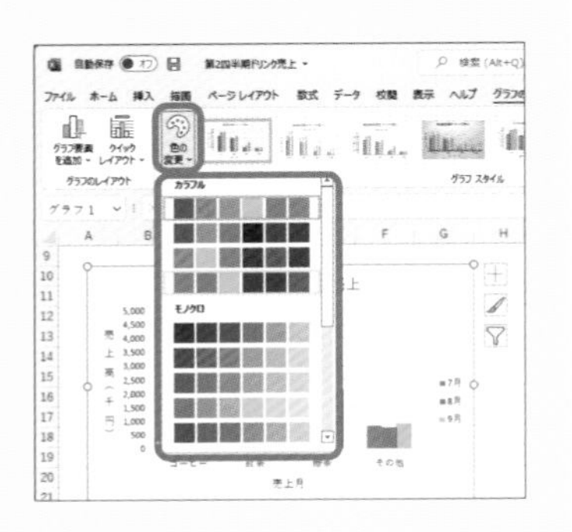

Chapter

7

図形や画像を挿入しよう

Section

Section

55 線や図形を描こう

Excel では、線や四角形などの基本図形に加え、ブロック矢印やフローチャート、吹き出しなど、さまざまな図形を描くことができます。図形は一覧できるので、描きたい図形をかんたんに選ぶことができます。

1 直線を描こう

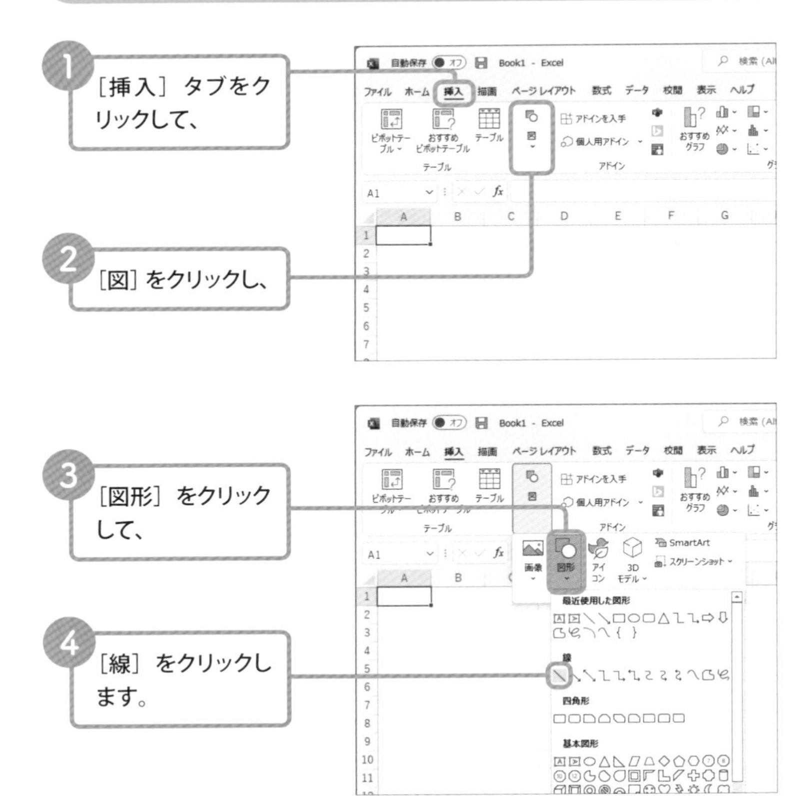

5 始点にマウスポインターを合わせて、

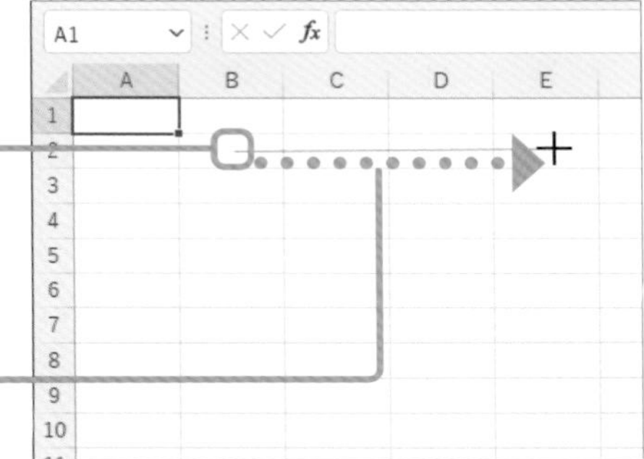

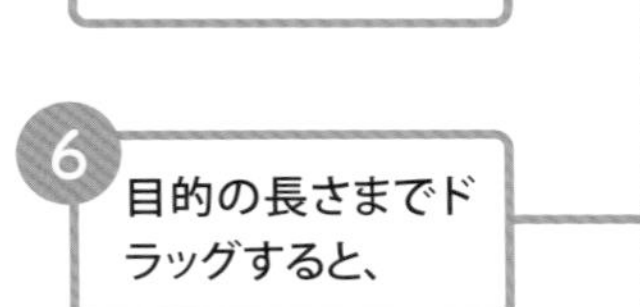

7 直線が描かれます。

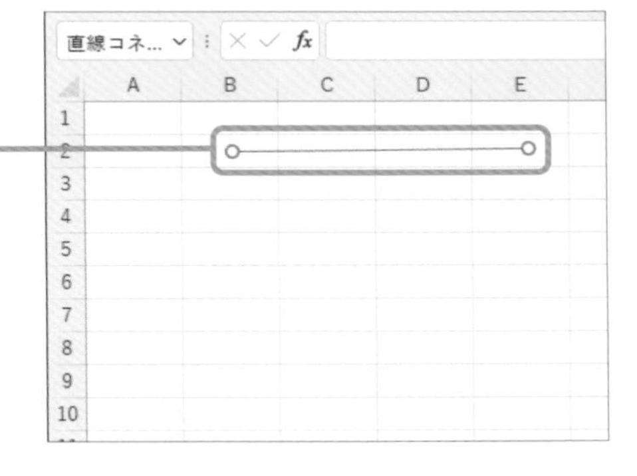

Hint

水平線や垂直線を引く

直線を引くときに、Shift を押しながらドラッグすると、垂直線や水平線を描くことができます。また、斜線を 45 度の角度で描くこともできます。

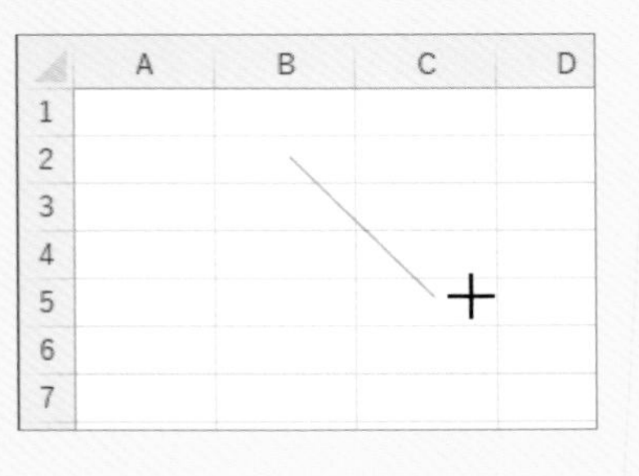

Chapter 7

図形や画像の挿入

2 図形を描こう

いろいろな図形から選ぶことができます

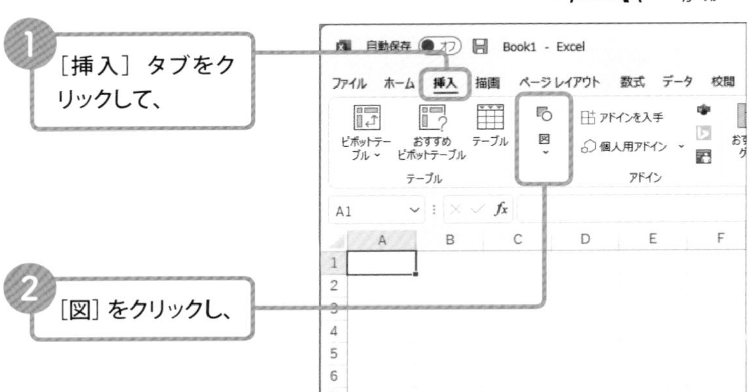
1 [挿入] タブをクリックして、
2 [図] をクリックし、
自動保存
オフ
Book1 - Excel
ファイル
ホーム
挿入
描画
ページ レイアウト
数式
データ
校閲
ピボットテーブル
おすすめピボットテーブル
テーブル
図
アドインを入手
個人用アドイン
アドイン
A1

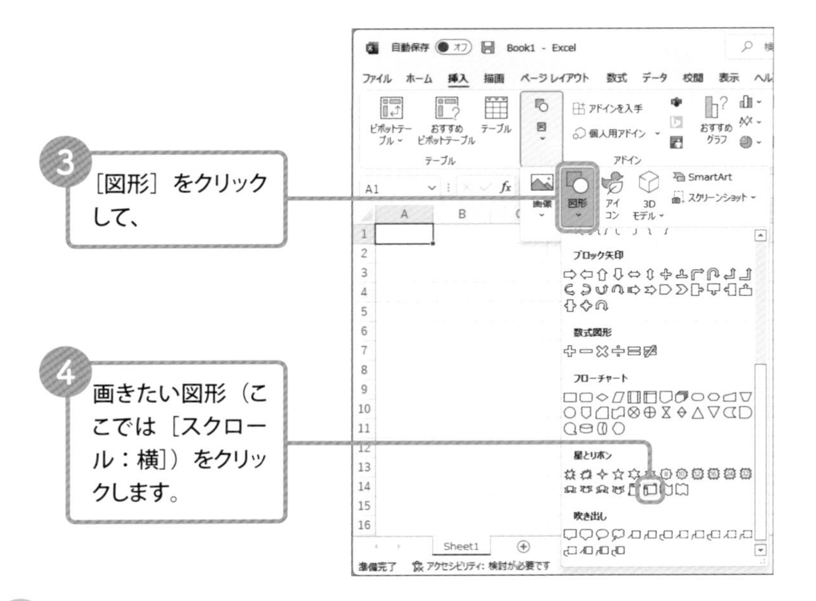
3 [図形] をクリックして、
4 画きたい図形（ここでは [スクロール：横]）をクリックします。
自動保存
オフ
Book1 - Excel
ファイル
ホーム
挿入
描画
ページ レイアウト
数式
データ
校閲
表示
ピボットテーブル
おすすめピボットテーブル
テーブル
図
アドインを入手
個人用アドイン
アドイン
おすすめグラフ
画像
図形
アイコン
3D モデル
SmartArt
スクリーンショット
ブロック矢印
数式図形
フローチャート
星とリボン
吹き出し
Sheet1
準備完了
アクセシビリティ: 検討が必要です

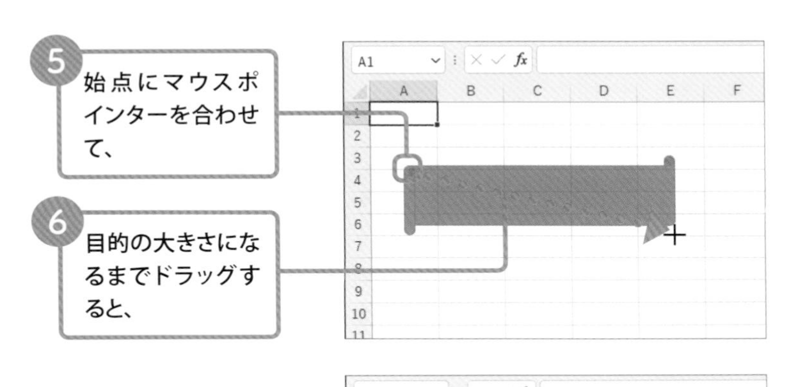

5
始点にマウスポインターを合わせて、
6
目的の大きさになるまでドラッグすると、

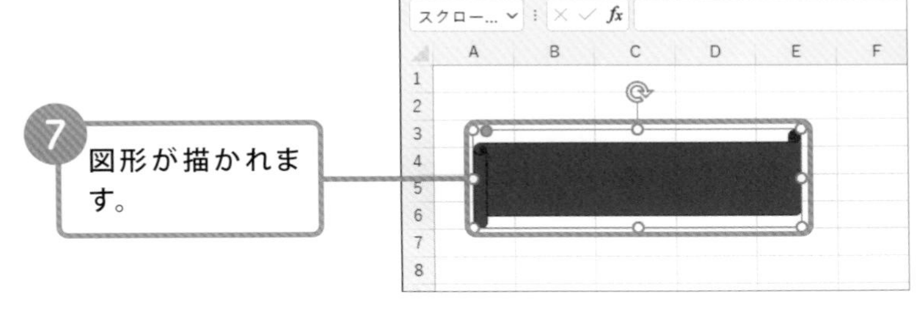

7
図形が描かれます。

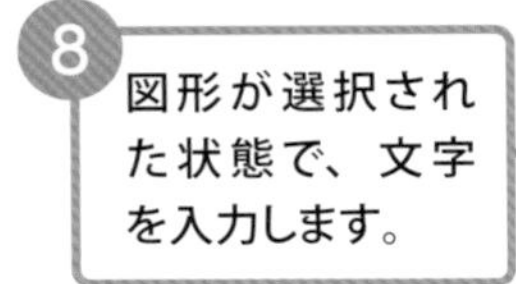

8
図形が選択された状態で、文字を入力します。

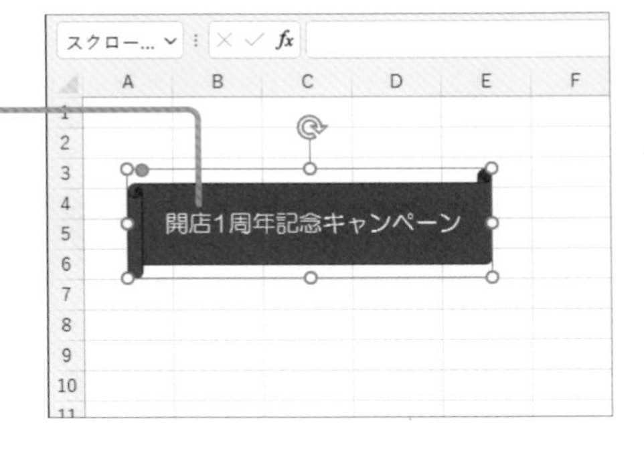

9
文字サイズとフォント、文字配置を変更します。

Memo

文字の書式と配置

図形内の文字書式や配置は、[ホーム] タブの [フォント] と [配置] グループのコマンドを使って設定します。

Section

56 図形を編集しよう

描画した図形は、移動やコピーをしたり、サイズを任意に変更したり、色を変更したりと、さまざまに編集することができます。ここでは、図形のサイズと、色を変更してみましょう。

1 図形のサイズを変更しよう

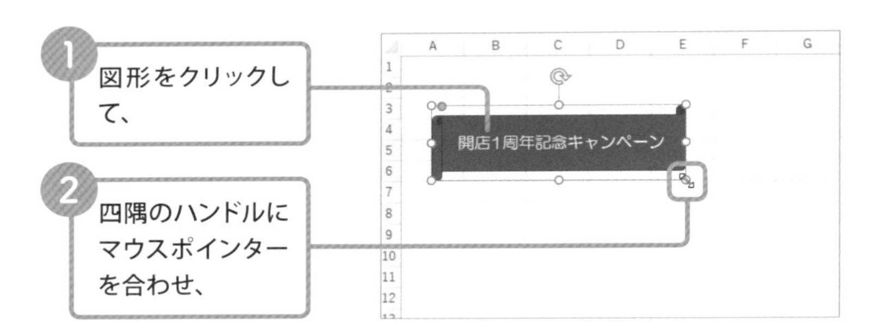
1 図形をクリックして、
2 四隅のハンドルにマウスポインターを合わせ、
開店1周年記念キャンペーン

3 外側（あるいは内側）にドラッグすると、図形のサイズが変更されます。

開店1周年記念キャンペーン

Hint 図形を移動する／コピーする

図形を移動するには、図形をクリックして、移動先にドラッグします。コピーするには、Ctrl を押しながらドラッグします。

2 図形の色を変更しよう

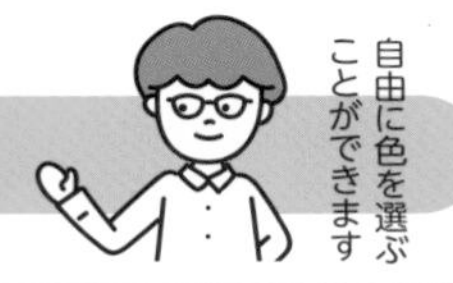

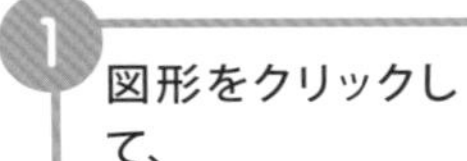

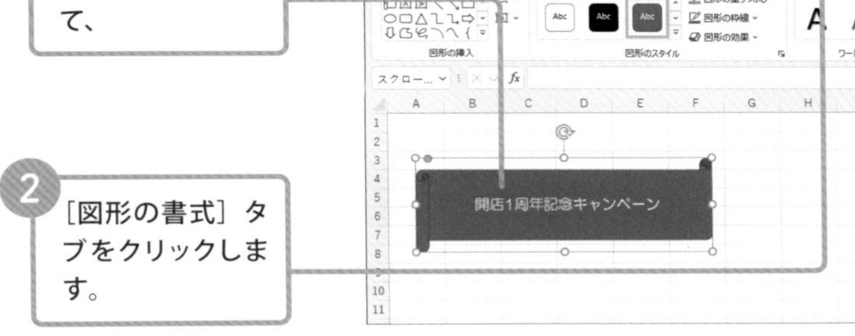

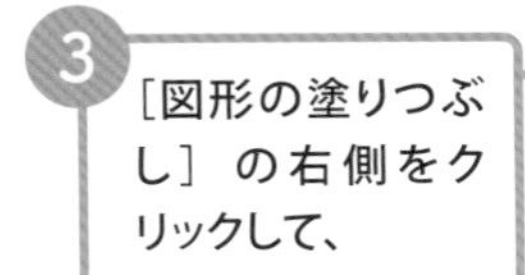

3
［図形の塗りつぶし］の右側をクリックして、

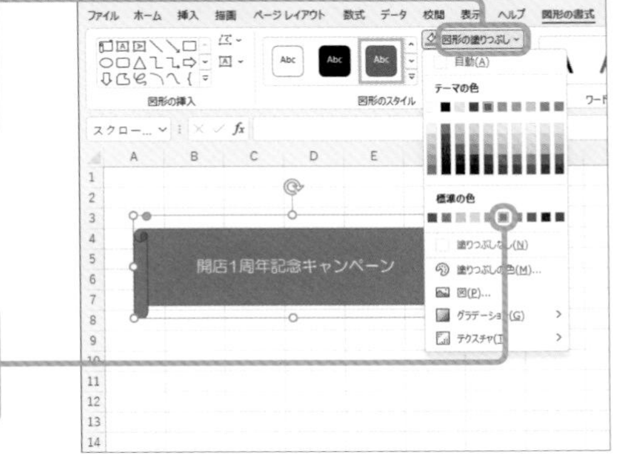

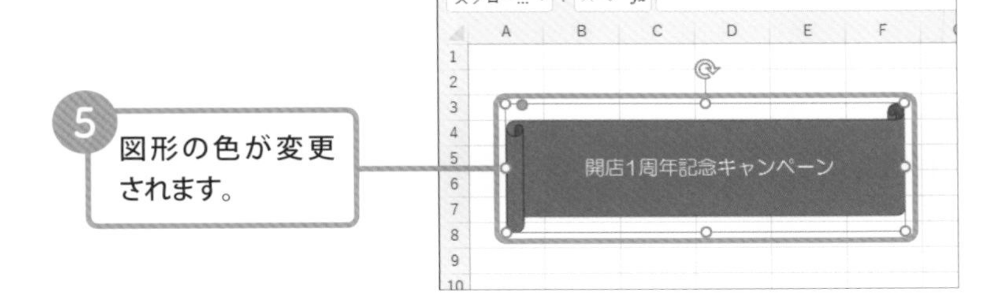

Section

57 テキストボックスを挿入しよう

テキストボックスを利用すると、セルの位置やサイズに影響されることなく、自由に文字を配置することができます。入力した文字は、通常のセル内の文字と同様に編集することができます。

1 テキストボックスを作成しよう

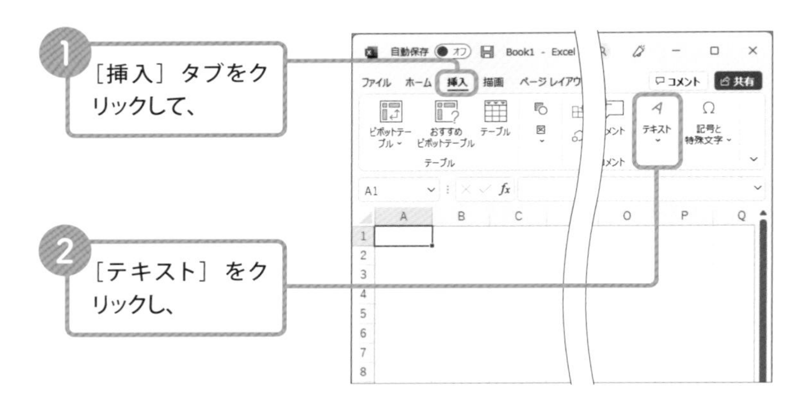

1 ［挿入］タブをクリックして、
2 ［テキスト］をクリックし、

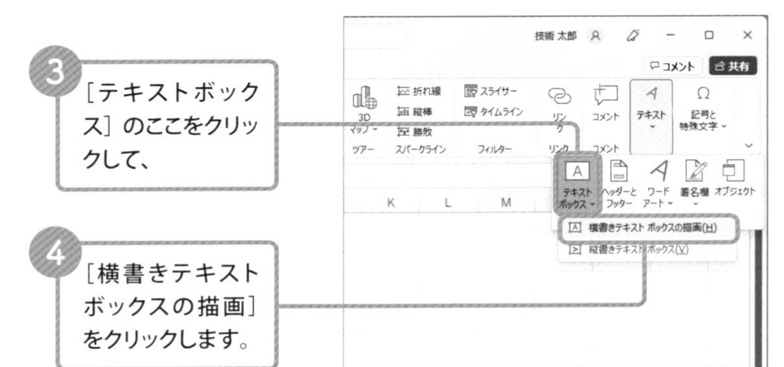

3 ［テキストボックス］のここをクリックして、
4 ［横書きテキストボックスの描画］をクリックします。

5 目的の大きさになるまで対角線上にドラッグすると、

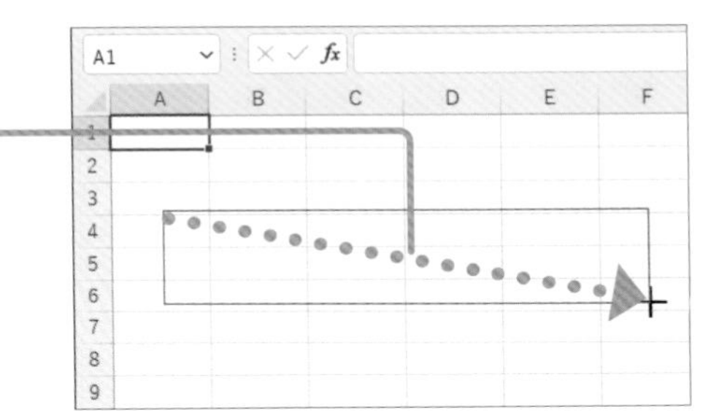

6 テキストボックスが作成されます。

7 テキストボックスが選択された状態で、文字を入力します。

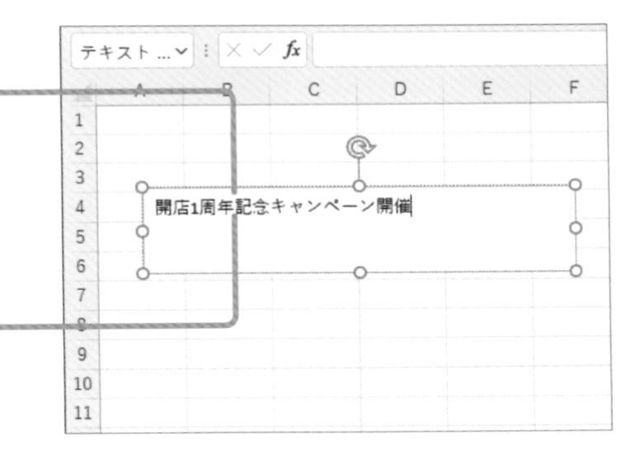

8 文字サイズとフォント、文字配置を変更します。

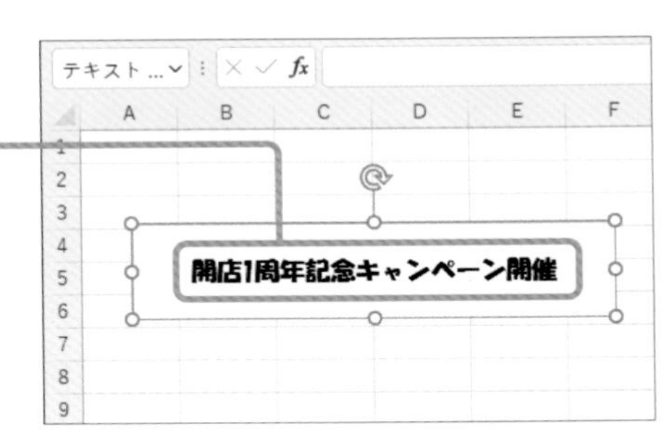

Memo

文字の書式と配置

テキストボックス内の文字書式や配置は、[ホーム] タブの [フォント] と [配置] グループのコマンドを使って設定します。

Section 58

写真を挿入して スタイルを設定しよう

文字や表だけの文書に写真を入れると、見栄えが違ってきます。挿入した写真は、図形と同様に移動やコピー、サイズ変更などを行えるほか、スタイルを設定して写真の体裁を変えることができます。

1 写真を挿入しよう

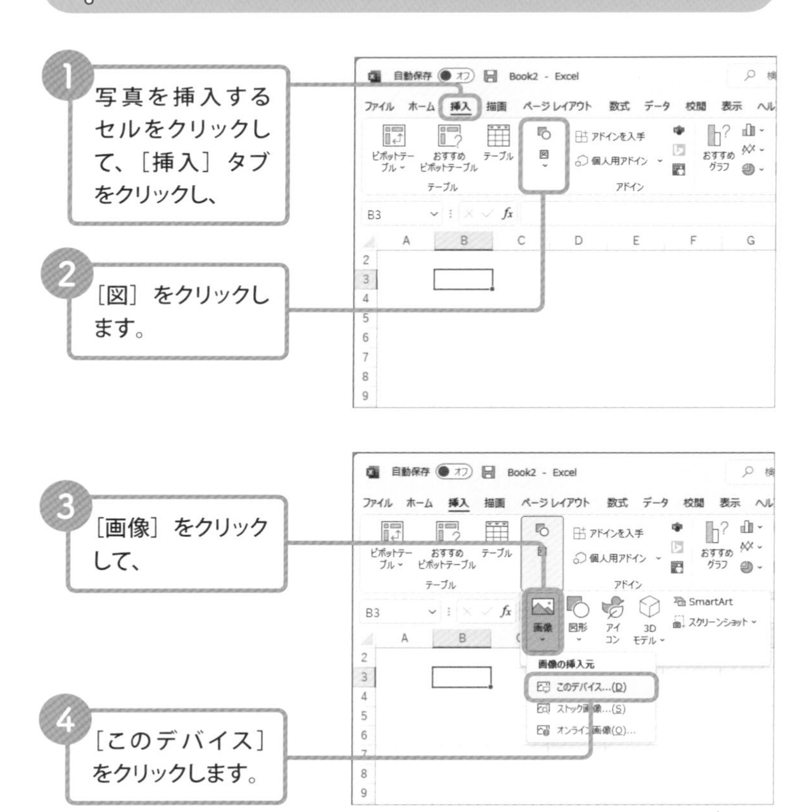

1 写真を挿入するセルをクリックして、［挿入］タブをクリックし、
2 ［図］をクリックします。
3 ［画像］をクリックして、
4 ［このデバイス］をクリックします。

5 写真が保存してあるフォルダーを指定して、

6 目的の写真をクリックし、

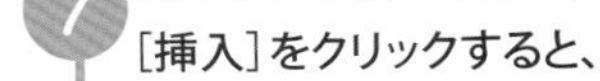
7 ［挿入］をクリックすると、

8 クリックしたセルを基点に写真が挿入されます。

9 サイズと位置を必要に応じて調整します。

2 写真にスタイルを設定しよう

1 挿入した写真をクリックして、[図の形式]タブをクリックし、

2 [図のスタイル]の[その他]をクリックします。

3 設定したいスタイルをクリックすると、

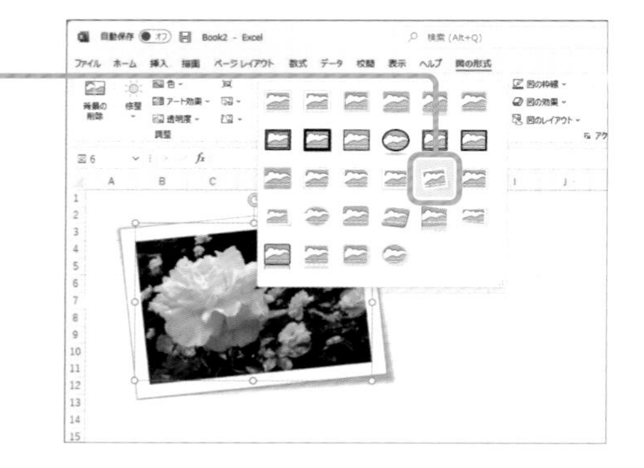

4 選択したスタイルが設定されます。

Chapter

8

印刷の操作をマスターしよう

Section

Section

59 表を印刷しよう

表を印刷する前に、印刷プレビューで印刷結果のイメージを確認しておくと、意図したとおりの印刷が行えます。Excel では、［印刷］画面で印刷結果を確認しながら各種設定が行えるので、効率的に印刷ができます。

1 印刷プレビューを表示しよう

1 ［ファイル］タブをクリックして、

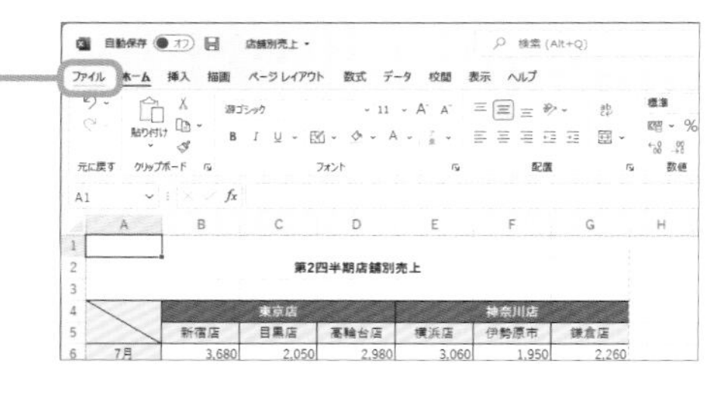

2 ［印刷］をクリックすると、

3 ［印刷］画面が表示され、右側に印刷プレビューが表示されます。

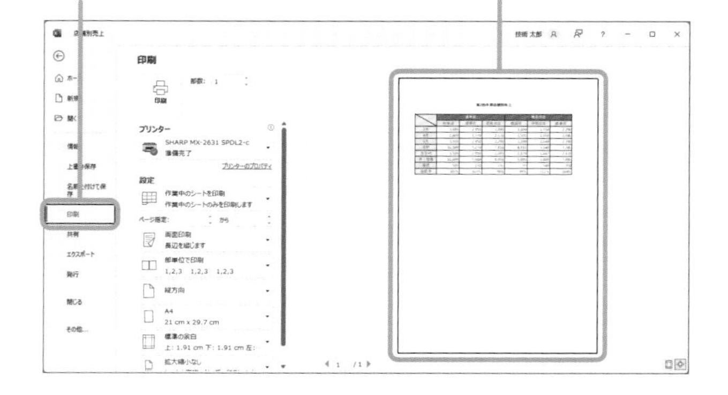

2 印刷の設定をして印刷を実行しよう

1 ［縦方向］をクリックして、

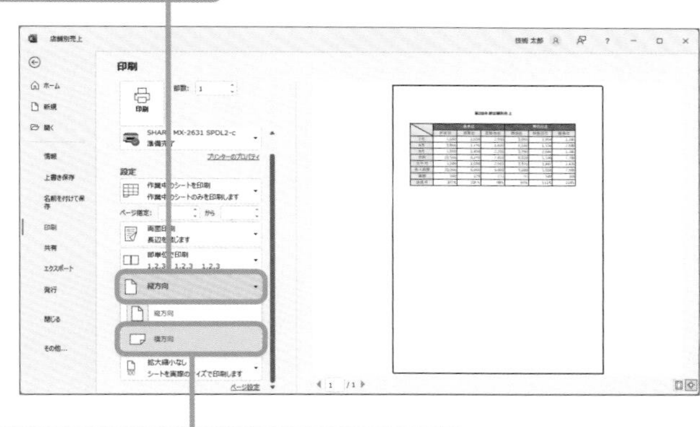

2 印刷の向き（ここでは［横方向］）を指定します。

3 ［A4］をクリックして、

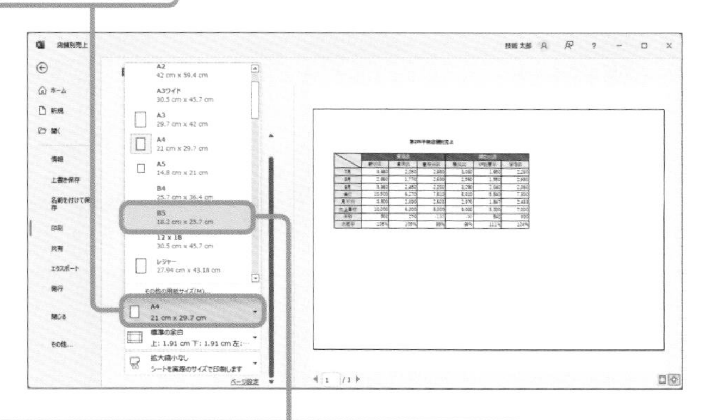

4 使用する用紙（ここでは［B5］）のサイズを指定します。

5 [標準の余白] をクリックして、

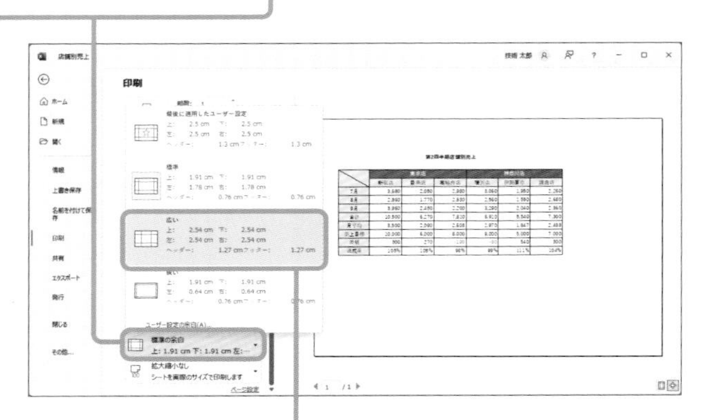

6 余白(ここでは[広い])を指定します。

用紙ぎりぎりにならないように
余白を選びましょう

7 設定した内容が印刷プレビューに反映されます。

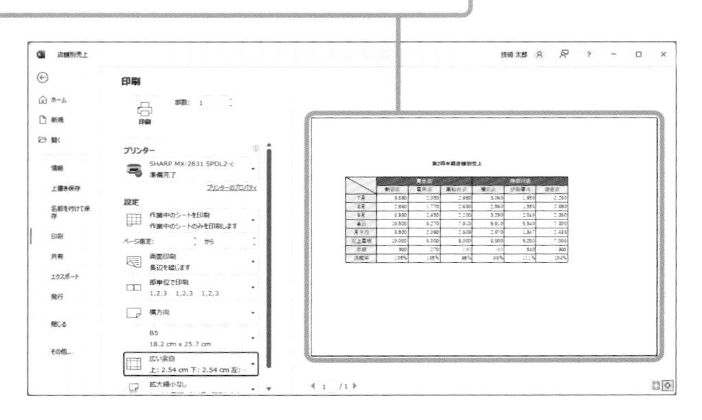

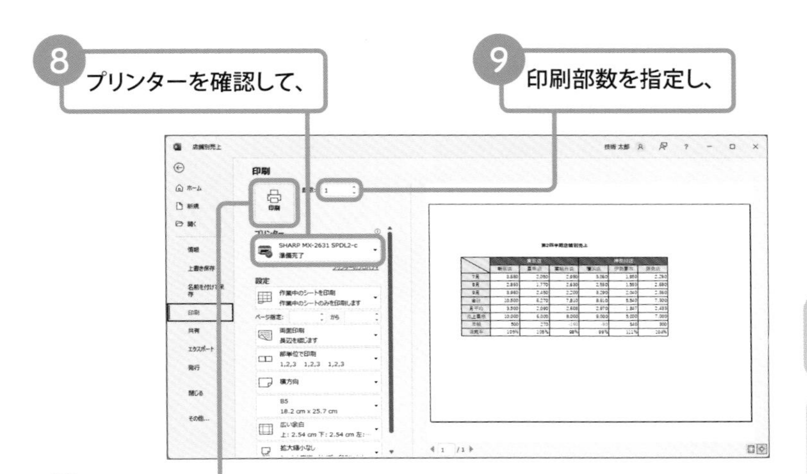

Chapter 8

印刷の操作

Hint 表を用紙の中央に印刷する

表を用紙の中央に印刷する場合は、[印刷] 画面の下にある [ページ設定] をクリックすると表示される [ページ設定] ダイアログボックスの [余白] を利用します。[水平] をクリックしてオンにすると左右中央に、[垂直] をオンにすると、上下中央に印刷することができます。

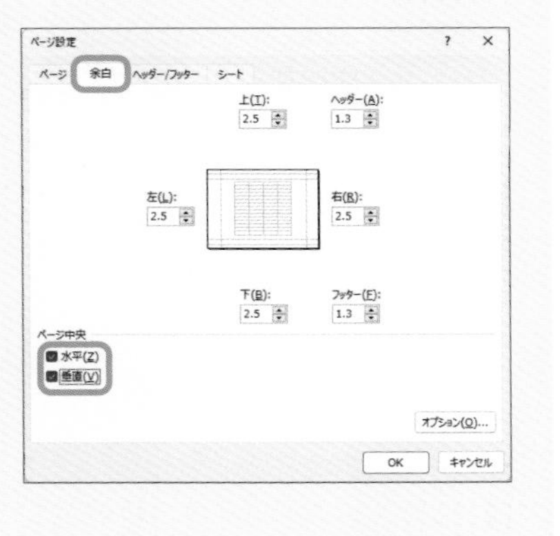

Section
60 改ページ位置を変更しよう

サイズの大きい表を印刷すると、自動的にページが分割されますが、区切りのよい位置で改ページされるとは限りません。このようなときは、目的の位置で改ページされるように設定しましょう。

1 改ページプレビューを表示しよう

1 ［表示］タブをクリックして、

2 ［改ページプレビュー］をクリックすると、

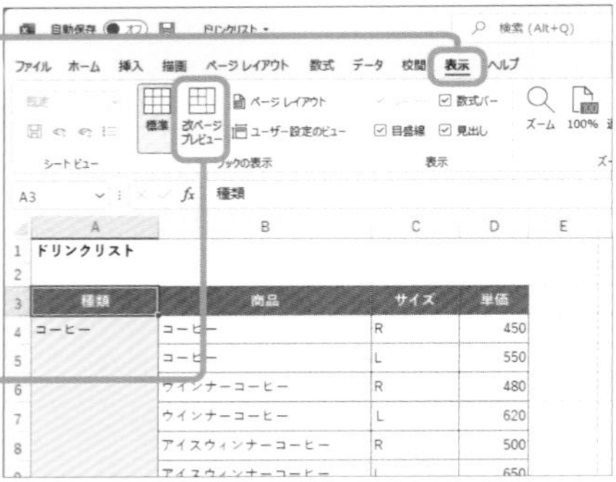

3 改ページプレビューが表示されます。

4 印刷される領域が青い太枠で囲まれ、改ページ位置に破線が表示されます。

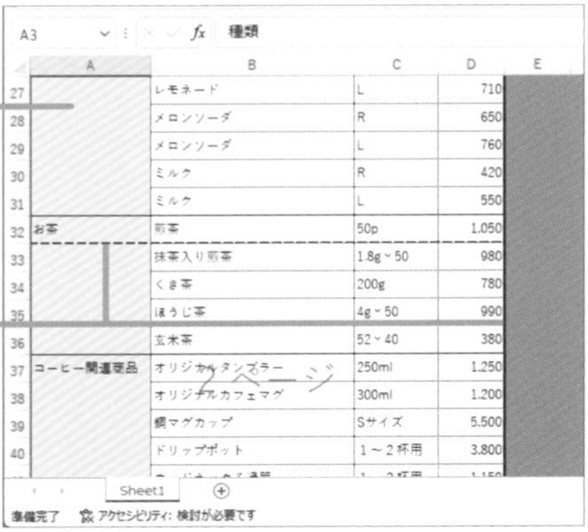

2 改ページ位置を調整しよう

1 改ページ位置を示す青い破線にマウスポインターを合わせて、

2 ドラッグして改ページの位置を調整します。

3 変更した改ページ位置が青い太線で表示されます。

Memo 画面表示を標準ビューに戻すには？

標準の画面表示（標準ビュー）に戻すには、[表示] タブの [標準] をクリックします。

Section 61

1ページに収めて印刷しよう

表を印刷したとき、列や行が次の用紙に少しだけはみ出してしまう場合があります。このような場合は、シートを縮小したり、余白を調整したりすることで1枚の用紙に収めることができます。

1 印刷プレビューで確認しよう

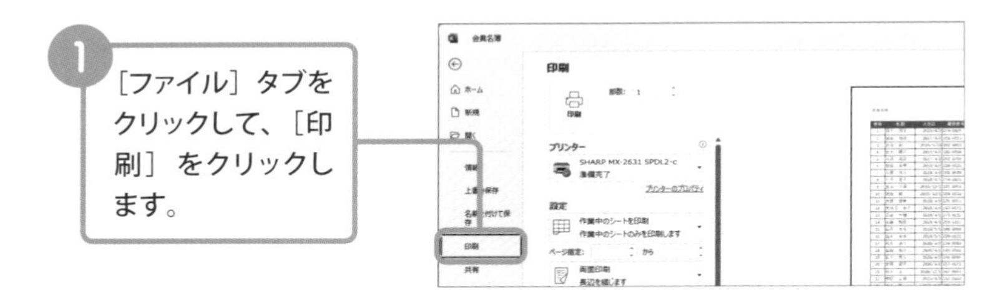

1 ［ファイル］タブをクリックして、［印刷］をクリックします。

2 ［次のページ］をクリックすると、

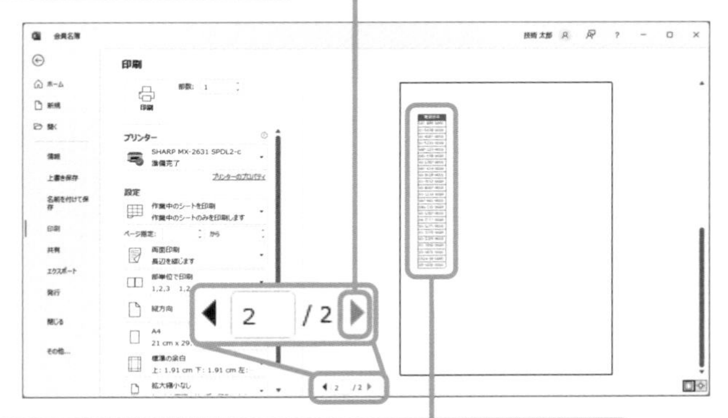

3 表の右側が2ページ目にはみ出していることが確認できます。

2 はみ出した表を1ページに収めよう

1 [拡大縮小なし]をクリックして、

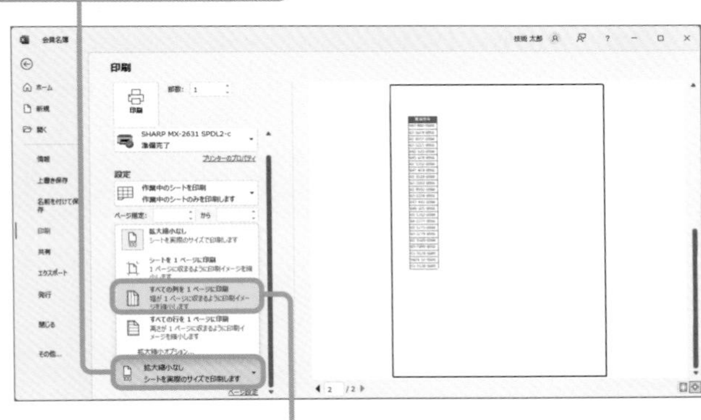

2 [すべての列を1ページに印刷]をクリックすると、

3 表が1ページに収まるように縮小されます。

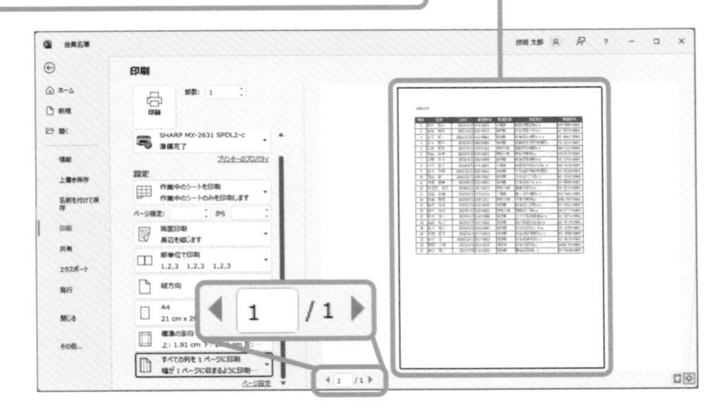

Section
62 ヘッダーとフッターを追加しよう

すべてのページの上部や下部にファイル名やページ番号などの情報を印刷したいときは、ヘッダーやフッターを追加します。シートの上部余白に印刷される情報をヘッダー、下部余白に印刷される情報をフッターといいます。

1 ヘッダーにファイル名を表示しよう

1 ［表示］タブをクリックして、

2 ［ページレイアウト］をクリックし、

3 ヘッダーを表示するエリアをクリックします。

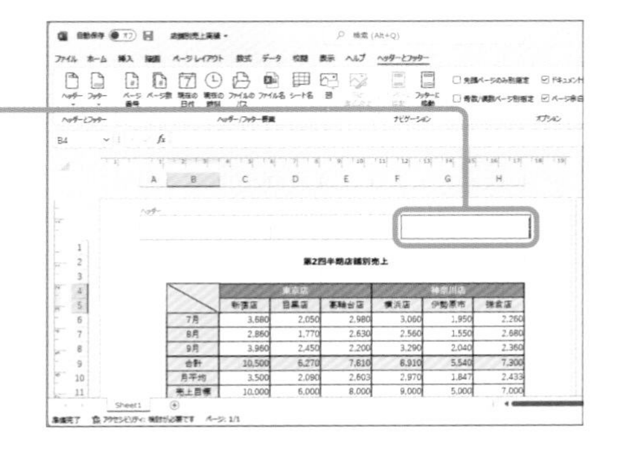

ファイル名や日付を入れるとよいでしょう

4 ［ヘッダーとフッター］タブをクリックして、

5 ［ファイル名］をクリックすると、

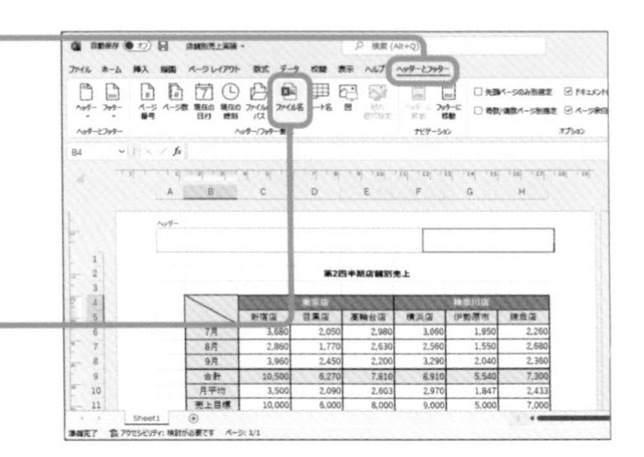

6 「&［ファイル名］」と挿入されます。

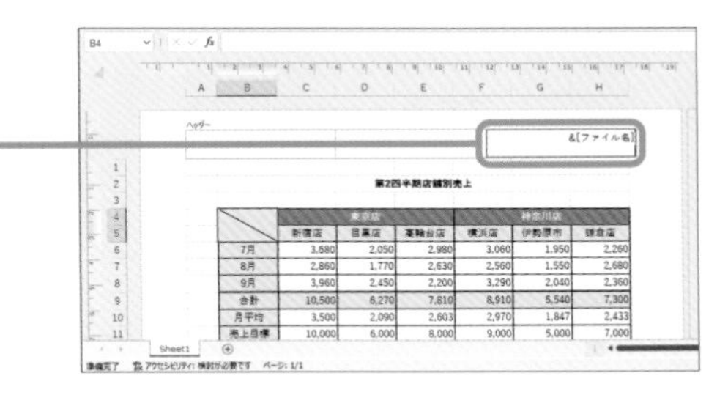

7 ヘッダーエリア以外の部分をクリックすると、ファイル名が表示されます。

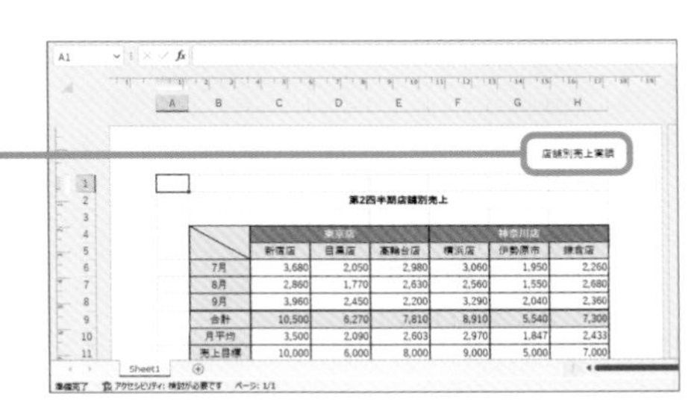

Memo

画面表示を標準ビューに戻す

画面を標準ビューに戻すには、［表示］タブの［標準］をクリックします。なお、カーソルがヘッダーあるいはフッター領域にある場合は、［表示］タブの［標準］コマンドは選択できません。

2 フッターにページ番号を表示しよう

ページ番号があると順番がわかりやすいです

1 [表示] タブをクリックして、

2 [ページレイアウト] をクリックします。

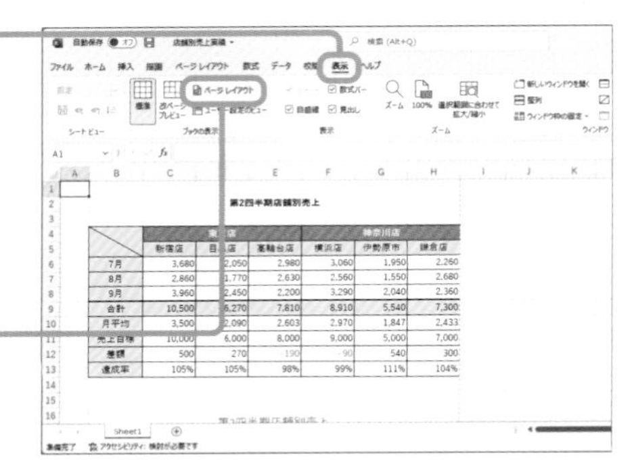

3 画面を下にスクロールして、フッターを表示するエリアをクリックし、

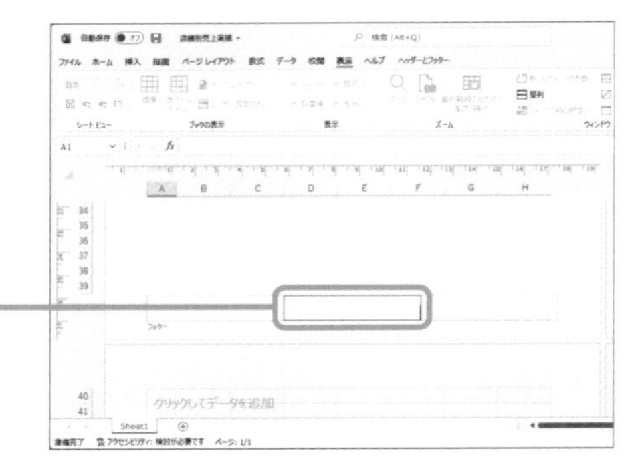

4 [ヘッダーとフッター] タブをクリックします。

5 [ページ番号] をクリックすると、

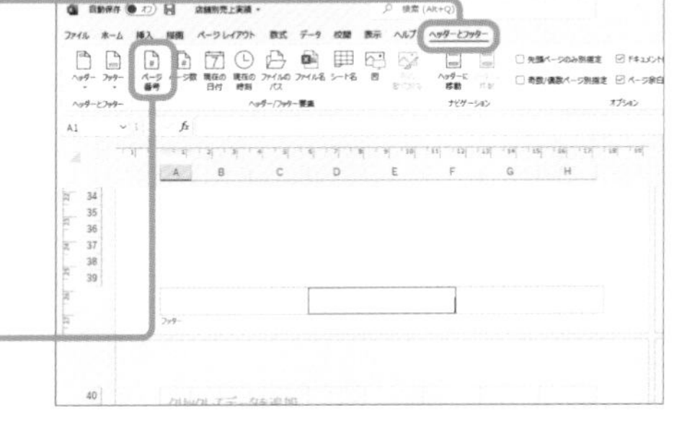

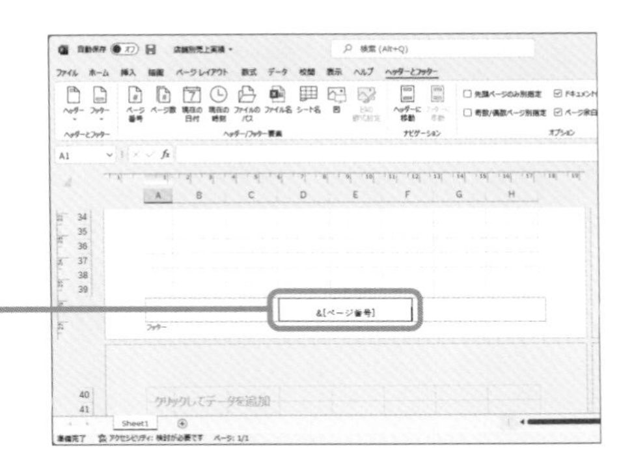

6 「&［ページ番号]」と挿入されます。

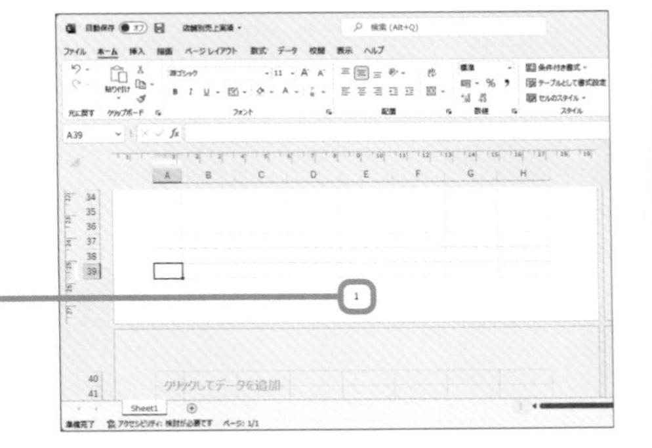

7 フッターエリア以外の部分をクリックすると、ページ番号が表示されます。

8 ［表示］タブをクリックして、

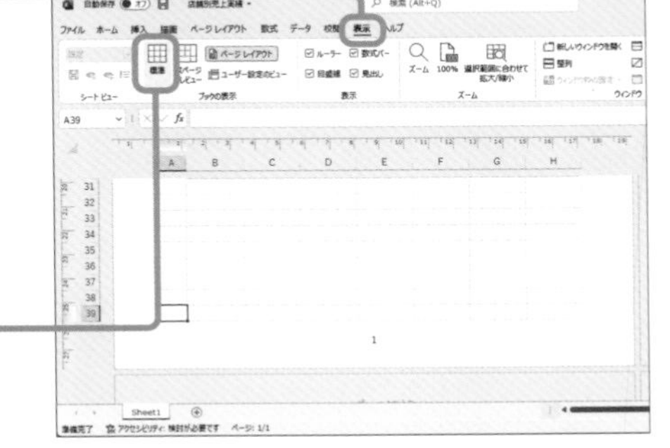

9

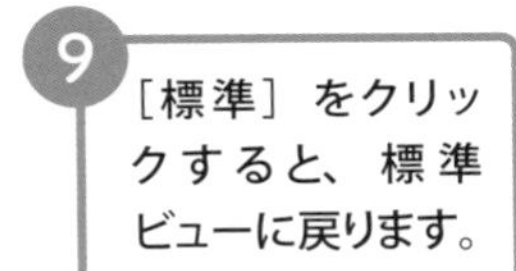

［標準］をクリックすると、標準ビューに戻ります。

Section 63

指定した範囲だけを印刷しよう

表の一部分だけを印刷したい場合、方法は 2 つあります。選択したセル範囲を一度だけ印刷したい場合は、［選択した部分を印刷］を指定して印刷を行います。常に同じ部分を印刷したい場合は、印刷範囲を設定します。

1 選択した範囲を印刷しよう

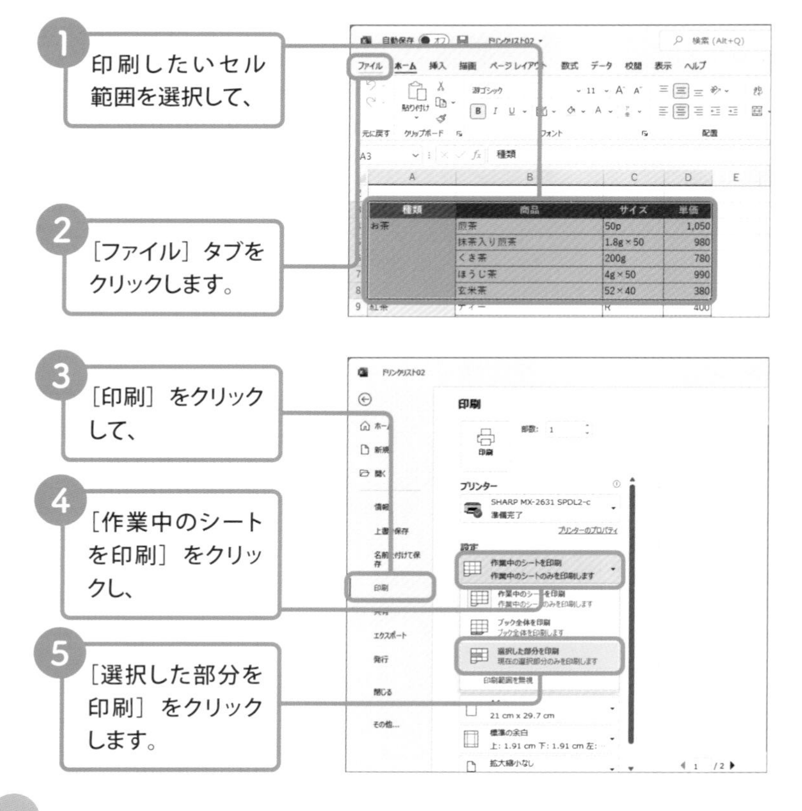

1 印刷したいセル範囲を選択して、
2 ［ファイル］タブをクリックします。
3 ［印刷］をクリックして、
4 ［作業中のシートを印刷］をクリックし、
5 ［選択した部分を印刷］をクリックします。

2 印刷範囲を設定しよう

1 印刷範囲に設定するセル範囲を選択して、

2 ［ページレイアウト］タブをクリックします。

3 ［印刷範囲］をクリックして、

4 ［印刷範囲の設定］をクリックすると、印刷範囲が設定されます。

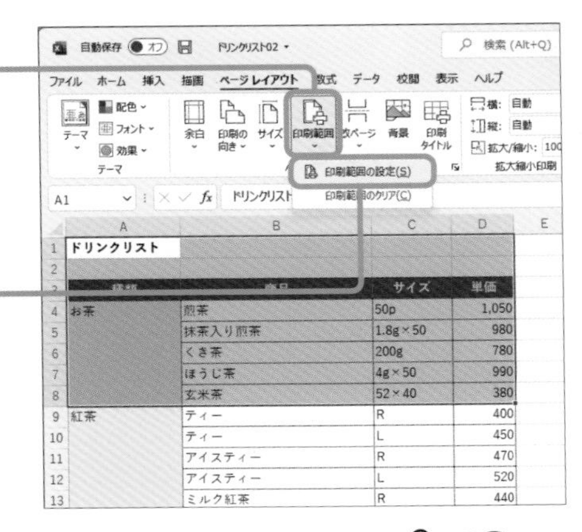

Memo
印刷範囲を解除するには？

設定した印刷範囲を解除するには、［印刷範囲］をクリックして、［印刷範囲のクリア］をクリックします。

Section 64

2ページ目以降に見出しを付けて印刷しよう

縦長や横長の表を作成したとき、そのまま印刷すると 2 ページ目以降には行や列の見出しが表示されないため、わかりにくくなります。このような場合は、すべてのページに見出しが印刷されるように設定するとよいでしょう。

1 タイトル行を設定しよう

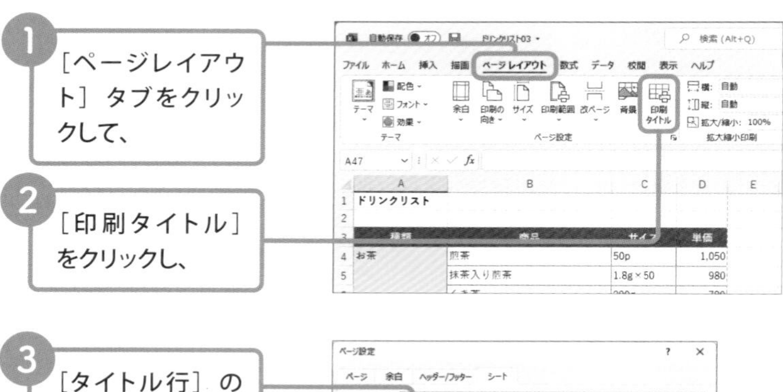

1 ［ページレイアウト］タブをクリックして、

2 ［印刷タイトル］をクリックし、

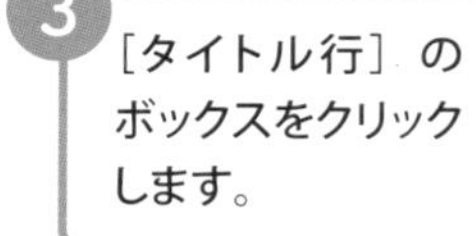

3 ［タイトル行］のボックスをクリックします。

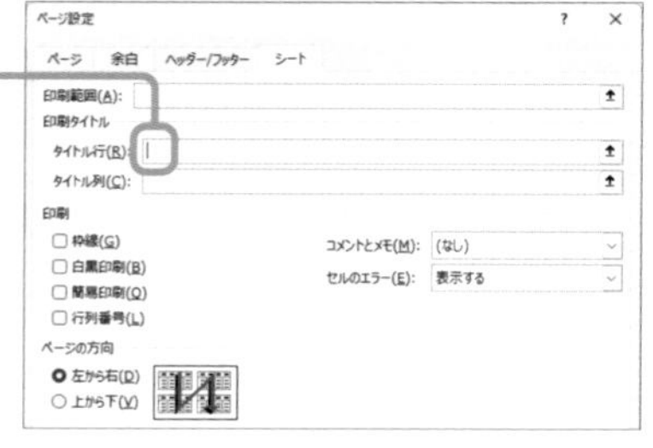

Hint タイトル列を設定する

タイトル列を設定する場合は、手順❸で［タイトル列］のボックスをクリックして、見出しに設定したい列を指定します。

4 見出しにしたい行番号をドラッグすると、

5 タイトル行が指定されます。

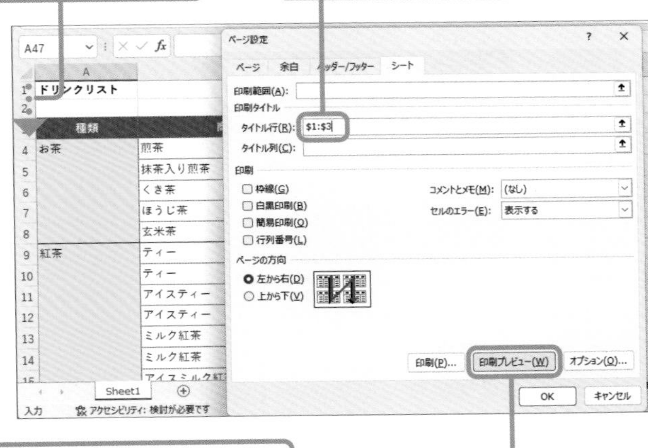

6 [印刷プレビュー] をクリックして、

7 [次のページ] をクリックすると、

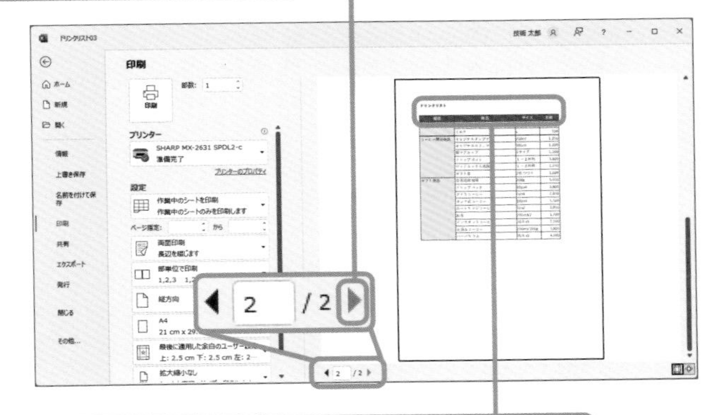

8 2ページ以降にも見出しが付いていることを確認できます。

Section 65

グラフのみを印刷しよう

表のデータをもとにグラフを作成すると、グラフは表と同じシートに作成されます。そのまま印刷すると、表とグラフがいっしょに印刷されます。グラフだけを印刷したい場合は、グラフを選択してから印刷を実行します。

1 グラフを選択して印刷しよう

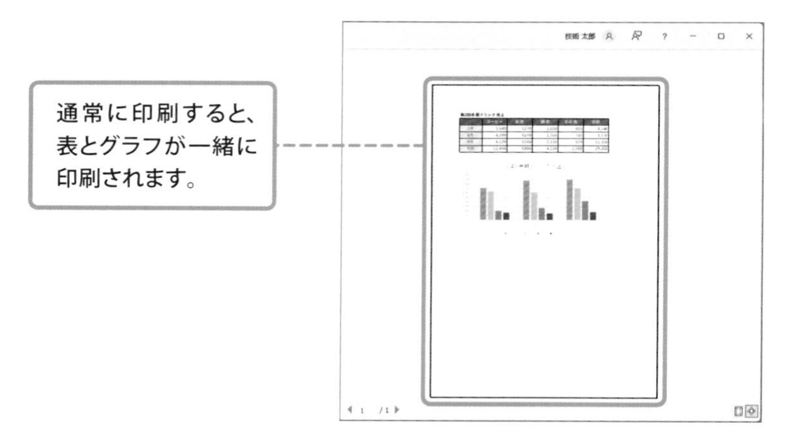

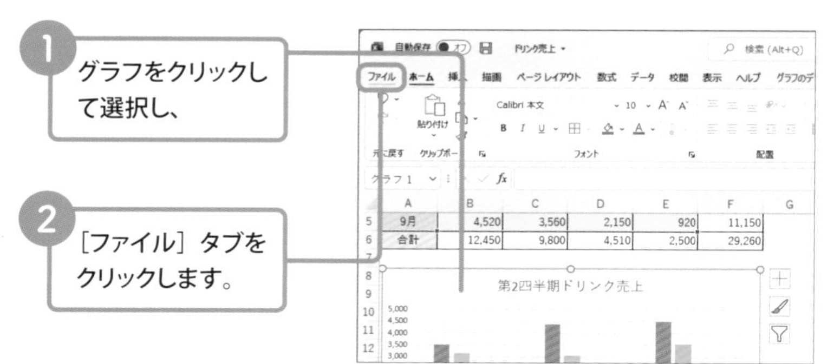

3 [印刷] をクリックすると、

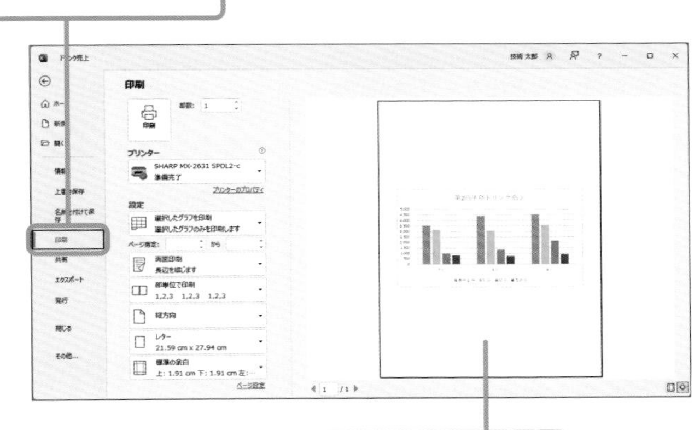

4 グラフのサイズに適した用紙が選択され、
グラフが用紙いっぱいに印刷されるように拡大されます。

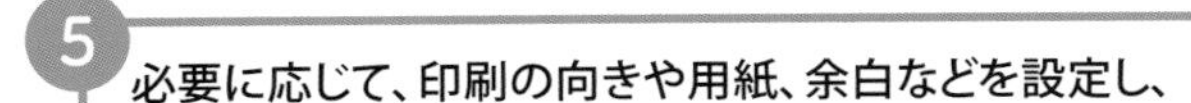

5 必要に応じて、印刷の向きや用紙、余白などを設定し、

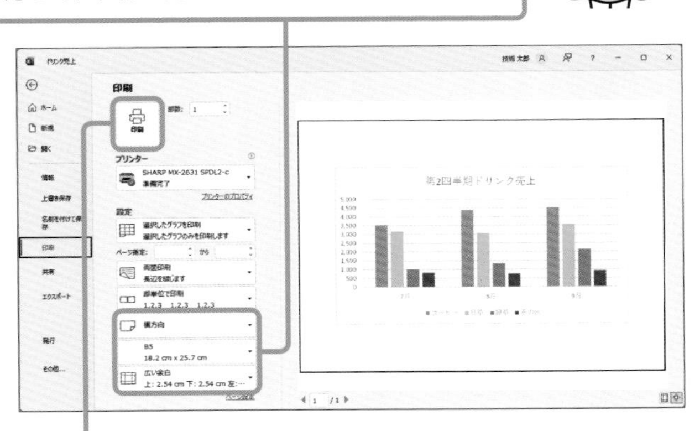

6 [印刷] をクリックします。

Index

紀号・アルファベット

あ行

か行

さ行

た行

な行

は行

ま行

や行

ら・わ行

■ お問い合わせの例

FAX

1 お名前
技評　太郎
2 返信先の住所またはFAX番号
03-××××-××××
3 書名
今すぐ使えるかんたんmini Excel
仕事のコツが1冊でわかる本
[Office 2021/Microsoft 365
対応版]
4 本書の該当ページ
60ページ
5 ご使用のOSとソフトウェアのバージョン
Windows 11
Excel 2021
6 ご質問内容
手順3の操作が完了しない

今すぐ使えるかんたんmini Excel 仕事のコツが1冊でわかる本 [Office 2021/Microsoft 365 対応版]

2022年9月28日　初版　第1刷発行

著者●AYURA
発行者●片岡 巌
発行所●株式会社 技術評論社
東京都新宿区市谷左内町21-13
電話　03-3513-6150　販売促進部
03-3513-6160　書籍編集部
装丁●西垂水 敦（krran）
イラスト●高内 彩夏
本文デザイン●坂本 真一郎（クオルデザイン）
編集／DTP●AYURA
担当●伊藤 鮎
製本／印刷●図書印刷株式会社

定価はカバーに表示してあります。

ISBN978-4-297-13014-5 C3055

Printed in Japan

お問い合わせについて

本書に関するご質問については、本書に記載されている内容に関するもののみとさせていただきます。本書の内容と関係のないご質問につきましては、一切お答えできませんので、あらかじめご了承ください。また、電話でのご質問は受け付けておりませんので、必ずFAXか書面にて下記までお送りください。
なお、ご質問の際には、必ず以下の項目を明記していただきますようお願いいたします。

1 お名前
2 返信先の住所またはFAX番号
3 書名
（今すぐ使えるかんたんmini Excel
仕事のコツが1冊でわかる本
[Office 2021/Microsoft 365対応版]）
4 本書の該当ページ
5 ご使用のOSとソフトウェアのバージョン
6 ご質問内容

なお、お送りいただいたご質問には、できる限り迅速にお答えできるよう努力いたしておりますが、場合によってはお答えするまでに時間がかかることがあります。また、回答の期日をご指定なさっても、ご希望にお応えできるとは限りません。あらかじめご了承くださいますよう、お願いいたします。
ご質問の際に記載いただきました個人情報は、回答後速やかに破棄させていただきます。

問い合わせ先

〒162-0846
東京都新宿区市谷左内町21-13
株式会社技術評論社　書籍編集部
今すぐ使えるかんたんmini Excel
仕事のコツが1冊でわかる本
[Office 2021/Microsoft 365対応版]
質問係

FAX番号　03-3513-6167

URL：https://book.gihyo.jp/116